高职高专机电类规划教材

AutoCAD 工程绘图实训指导

李　智　邬业萍　主　编

人 民 邮 电 出 版 社
北　京

图书在版编目（C I P）数据

AutoCAD 工程绘图实训指导 / 李智，邬业萍主编。—
北京：人民邮电出版社，2012.3（2019.12 重印）
高职高专机电类规划教材
ISBN 978-7-115-27287-4

Ⅰ.①A… Ⅱ.①李… ②邬… Ⅲ.①工程制图：计算
机制图—AutoCAD 软件—高等职业教育—教材 Ⅳ.
①TB237

中国版本图书馆 CIP 数据核字（2011）第 282142 号

内 容 提 要

本教材突出为生产一线培养技术型人才的教学特点，加强针对性、实用性和可操作性，培养学生在机械、化工等图样绘制方面的能力，全面贯彻新的制图国家标准的有关规定：不受 AutoCAD 版本的限制，可与 AutoCAD 绘图的相关教材配套使用。

本教材内容包括：AutoCAD 基本操作、绘制平面图形、绘制三视图、绘制零件图、化工专业图样的绘制、AutoCAD 三维实体的绘制、综合实训等。同时，附录中还有“国家标准机械制图”、“化工图样”规定表格和符号等内容介绍。

本教材由来自企业及教学一线的工程技术人员、教师编写，内容翔实，实例丰富，循序渐进，可供高职高专院校、成人高校学生使用，也可作为广大工程技术人员及计算机爱好者的参考用书。

高职高专机电类规划教材

AutoCAD工程绘图实训指导

◆ 主　　编　李　智　邬业萍
　责任编辑　韩旭光
　执行编辑　洪　婕
◆ 人民邮电出版社出版发行　　北京市丰台区成寿寺路 11 号
　邮编　100164　　电子邮件　315@ptpress.com.cn
　网址　http://w ww.ptpress.com.cn
　大厂聚鑫印刷有限责任公司印刷
◆ 开本：787×1092 1/16　　插页：1
　印张：7.75　　2012 年 3 月第 1 版
　字数：194 千字　　2019 年 12 月河北第 7 次印刷

ISBN 978-7-115-27287-4

定价：17.00 元

读者服务热线：（010）81055256　印装质量热线：（010）81055316
反盗版热线：（010）81055315
广告经营许可证：京东工商广登字 20170147 号

前言

AutoCAD 是美国 Autodesk 公司开发的通用软件包，是当今设计领域应用最广泛的现代化绘图工具。学习、掌握 AutoCAD 可大幅度提高设计绘图效率。

工程图样是工程技术人员用来表达物体形状、大小和技术要求的图形。它集中地体现了工程技术人员的创新思维、设计思想。过去图形的载体往往是纸介质，技术人员所讲的“图纸”就是工程图样。计算机的出现使人类进入了信息时代。计算机及计算机网络改变了过去工程图样制作的方式，使得手工绘图、注写文字和符号、描图、晒图这些过程变得简便；通过网络使远距离传递图样变得非常快捷。高质量、高效率的计算机绘图给工程技术人员提供了广阔的创造性设计环境，同时减少了制作图样的工作量。

本教材充分体现理论、实践一体化的教学模式，加强其针对性、实用性和可操作性，突出高职高专为生产一线培养技术型人才的教学特点，在较短时间内使学生迅速掌握 AutoCAD 绘图软件的应用与操作，培养学生在机械、化工等图样绘制方面的能力。

本教材内容由 AutoCAD 基本操作、绘制平面图形、绘制三视图、绘制零件图、化工专业图样的绘制、AutoCAD 三维实体的绘制及综合实训组成。其中包括 AutoCAD 绘图、修改命令的操作和使用、图层的设置和使用、尺寸标注、文字的设置和使用、图块的创建和插入、三维实体的绘制，以及大量的图例练习。

本教材的特点有如下几个。

① 注重贯彻新的国家标准《机械制图》、《化工专业图样》。

② 根据“机械制图”和“计算机绘图”理论与实践一体化教学，安排实训内容指导。

③ 突出针对性、实用性和可操作性，使学生迅速掌握 AutoCAD 绘图软件的应用与操作。

④ 由企业工程技术人员参与编写，结合生产实际，对解决实际问题有更强的指导意义。

⑤ 不受 AutoCAD 版本的限制，可与任何相应的 AutoCAD 绘图教材配套。

本教材由武汉软件工程职业学院机械制造工程系李智、邬业萍副教授担任主编。参加编写的有：武汉软件工程职业学院彭碧霞、汪明玲、陈建武副教授、杨红讲师、傅娟娟助理工程师、武汉毛巾厂张世豪高级工程师等。

限于编者的水平，难免存在不足之处，恳请读者批评指正。

编　者

目　录

实训项目一　AutoCAD 基本操作

实训目标

- 理解掌握 AutoCAD 2008 的启动和退出。
- 掌握 AutoCAD 数据的输入方法。
- 掌握 AutoCAD 2008 的界面和菜单结构及使用方法。
- 了解工程图样绘制的简要过程。

任务一　AutoCAD 2008 的启用

1. 启动 AutoCAD 2008

AutoCAD 软件常用的启动方式有如下 3 种。

① 双击桌面上的 AutoCAD 2008 图标（见图 1-1）。

图 1-1　AutoCAD 2008 图标启动

② 单击“开始”→“所有程序”→“Autodesk”→“AutoCAD 2008”命令（见图 1-2）。

③ 双击“我的电脑”→AutoCAD 2008 所在的硬盘图标→AutoCAD 2008 文件夹，再双击“ACAD. exe”程序（见图 1-3）。

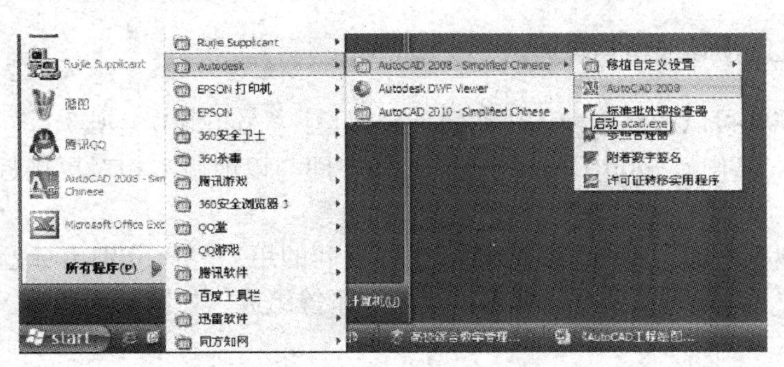

图 1-2　AutoCAD 2008 程序启动

用上述第二种、第三种方法找到 AutoCAD 2008 图标，用鼠标将其拖动到桌面（见图 1-4）。

图 1-3　AutoCAD 2008 文件夹启动

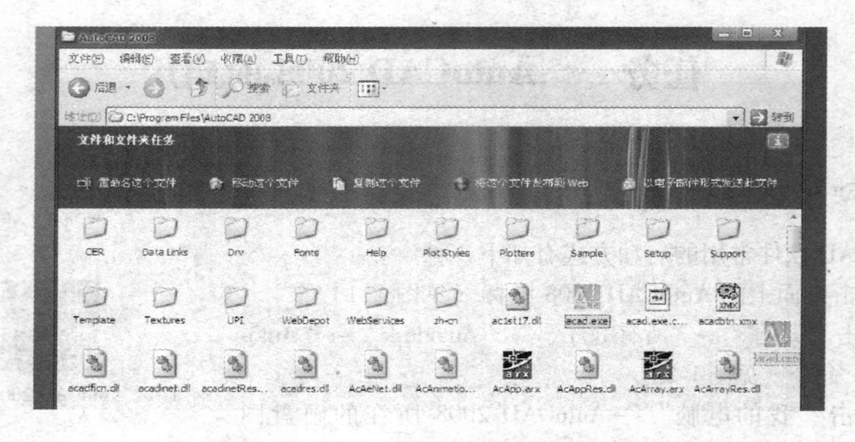

图 1-4　将 AutoCAD 2008 图标拖到桌面

2. AutoCAD 2008 的用户界面

AutoCAD 2008 可以选择 3 种工作空间，分别是：“AutoCAD 经典”、“二维草图与注释”和“三维建模”。其中，“AutoCAD 经典”工作空间与以前版本相对更接近，所以，本教材拟由此入门加以介绍。

AutoCAD 2008 中的“AutoCAD 经典”工作空间的用户界面分别由标题栏、菜单栏、工具栏、绘图区域、光标、命令行、状态栏、坐标系等组成，如图 1-5 所示。

（1）标题栏

标题栏在用户界面的最上面。左边为 AutoCAD 2008 图标及当前图形文件的名称；右边则为最小化、最大化、还原和关闭按钮。

（2）菜单栏

菜单栏包括文件、编辑、视图、插入、格式、工具、绘图、标注、修改、窗口、帮助等 11 个主菜单。单击某一主菜单，会显示相应的下拉菜单；下拉菜单后面的省略号（…）表

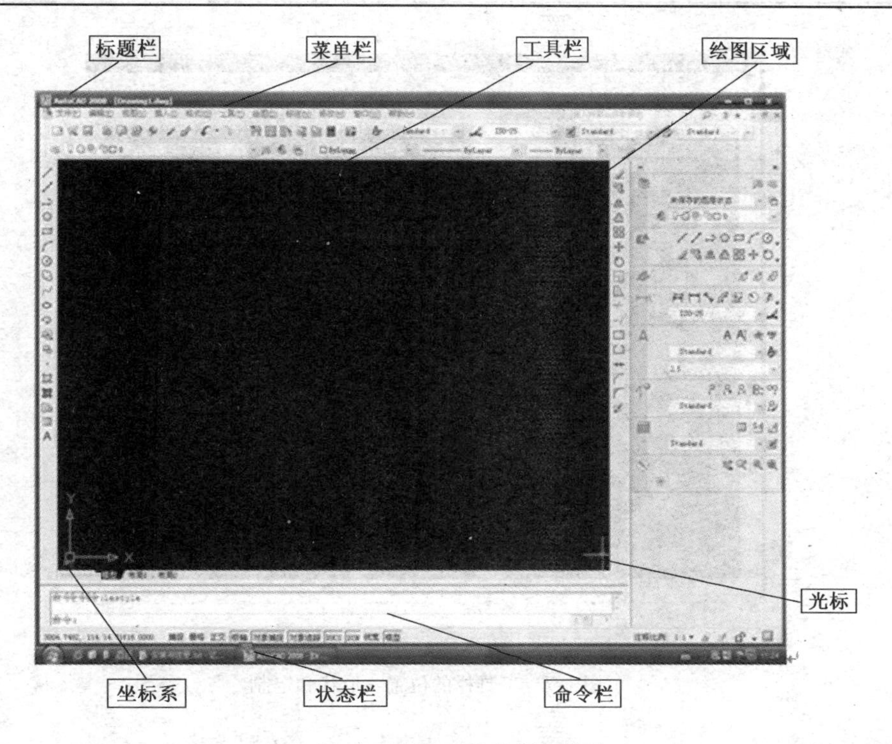

图 1-5　AutoCAD 2008 的用户界面

示可打开对话框，后有黑三角（见图 1-6）则表示还有若干子菜单（菜单由菜单文件定义。用户可以修改或设计自己的菜单文件）。

（3）工具栏

AutoCAD 2008 有 29 个工具栏，默认的工具栏有：标准、绘图、修改、图层、对象特性和样式工具栏。这些工具栏一般摆放在固定位置，称为“固定工具栏”。

其他工具栏可运用下列方法调用（见图 1-6）。

• 将鼠标指针指向任意工具栏，单击鼠标右键，出现工具栏快捷菜单，如图 1-7 所示。选择相应工具栏按钮，使其工具栏名称前出现“√”，即可在绘图区域显示对应的工具栏。

• 利用菜单栏：选择“视图”→“工具栏”→“自定义”对话框，在“工具栏”列表框中，点击相应工具栏复选框即可。

（4）绘图区

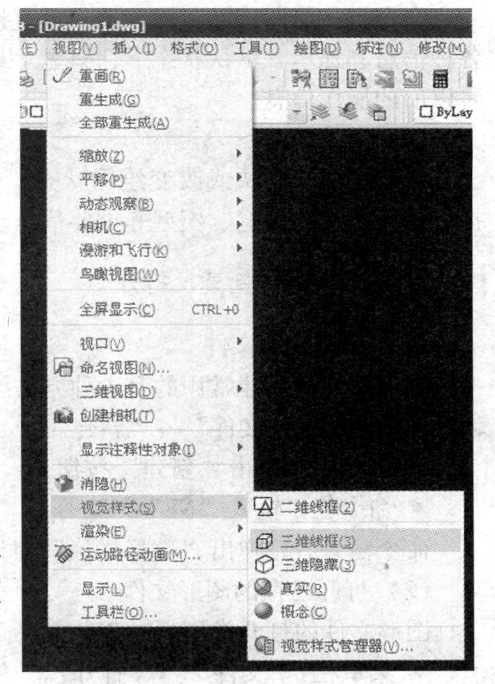

图 1-6　视图下拉菜单

绘图区用户绘制图形的区域。鼠标指针移至绘图区域时，显示十字形状，其交点为定位点，绘图区左下角的用户坐标系同时显示其坐标值（x_i，y_i，z_i）。

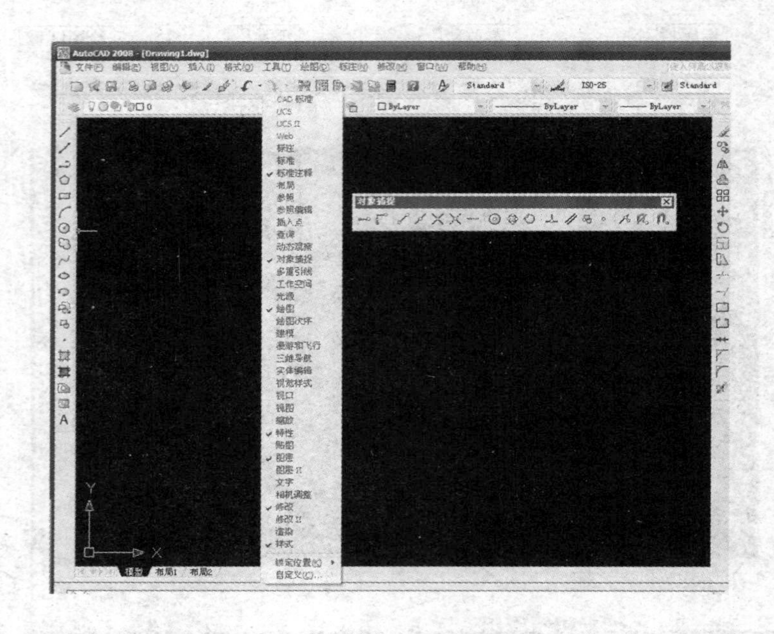

图 1-7　工具栏的位置、形状和定制

（5）命令行

命令行在绘图区的下方，用户可直接用键盘输入命令进行操作，也可以显示鼠标操作的各种信息和提示。默认状态下，只显示最后三行命令或提示，必要时，也可以利用滚动条查看以前的操作信息。

（6）状态栏

状态栏用于反映或改变绘图状态。例如：是否启用捕捉、栅格、正交、极轴、对象捕捉、对象追踪、线宽、模型等重要信息。可根据绘图的需要，进行设置和启用。

3. 图形文件的新建、打开

（1）新建图形文件

图形文件的新建常用的有 3 种方法。

- 菜单栏："文件"→"新建"。
- 工具栏：单击"新建"按钮。
- 命令栏：输入"NEW"命令。

命令输入后，弹出"选择样板"对话框，如图 1-8 所示。单击"打开"按钮即可。

（2）打开已存的图形文件

图形文件的打开常用的有 3 种方法。

- 菜单栏："文件"→"打开"。
- 工具栏：单击"打开"按钮。
- 命令栏：输入"OPEN"命令。

命令输入后，弹出"选择文件"对话框。再通过存放文件的路径选择需要打开的文件。对话框有预览图形处，方便确定选中的文件是否正确，如图 1-9 所示。单击"打开"按钮

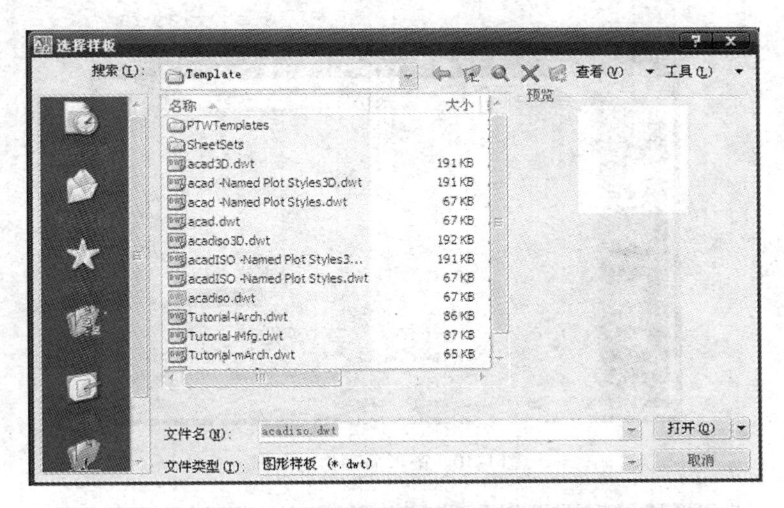

图 1-8 新建图形文件

即可。

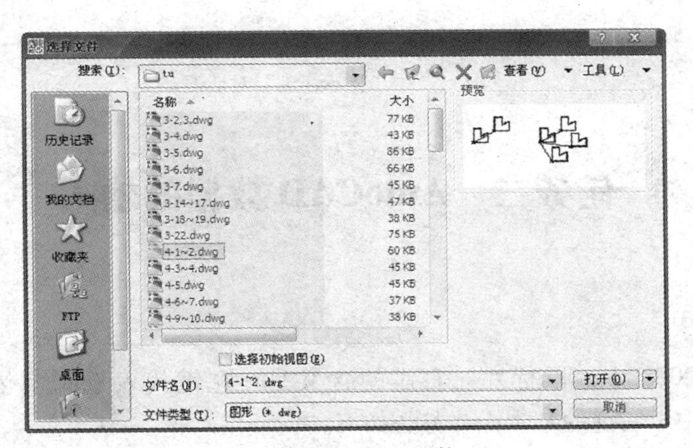

图 1-9 打开图形文件

4. 图形文件的保存、退出

(1) 保存图像文件

图形文件的保存常用的有 3 种方法。

- 菜单栏："文件"→"保存"。
- 工具栏：单击"保存"按钮。
- 命令栏：输入"SAVE"命令。

命令输入后，弹出"图形另存为"对话框。选择合适的保存目录，单击"保存"按钮即可。如图 1-10 所示。

(2) 退出 AutoCAD 2008

单击标题栏右边的"关闭"按钮，或选择菜单"文件"→"退出"，命令输入后，弹出"提示存盘"对话框。选择"是"、"否"或"取消"。如图 1-11 所示。

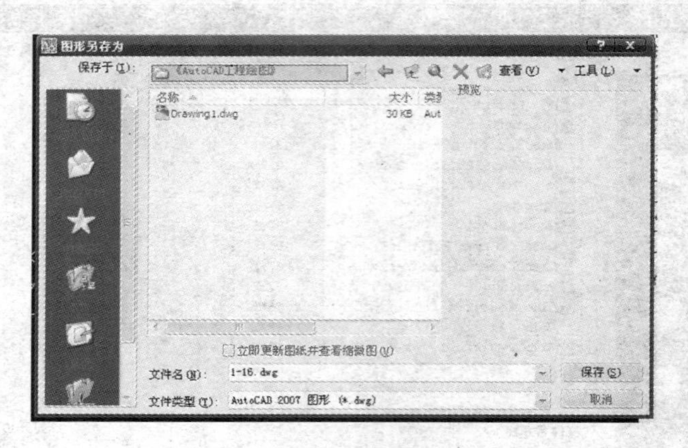

图 1-10　图形另存为对话框

图 1-11　“提示存盘”对话框

任务二　AutoCAD 数据的输入

1. 鼠标的使用

在 AutoCAD 2008 中，鼠标左、右键的含义是：左键代表选择实体，右键代表回车（↙）。鼠标左、中、右键的基本操作方法如下。

① 单击鼠标左键：选中被单击的对象；单击命令按钮执行相应的命令。

② 单击鼠标右键；代替回车；结束目标选择；在工具栏中单击鼠标右键，会弹出工具栏设置对话框，以选定工具的栏目。

③ 双击鼠标左键：启动应用程序或打开一个新的窗口。

④ 鼠标中键：鼠标中键能执行实时平移，缩放当前图形的作用。

⑤ 点取：鼠标指针移至工具栏上某一菜单项，菜单项上有一浮起形似立体的按钮，用鼠标的左键单击将会选中该菜单项；另外，鼠标指针移至工具栏上某一命令按钮处，系统将自动显示该命令名称，鼠标指针移至命令窗口，会变为箭头形状，用它可调整命令窗口的大小。

在一般绘图状态下，屏幕上的鼠标指针为一个十字线中间套着一个方框的形状。不同的工作状态，鼠标指针的形状也会不同。

2. AutoCAD 数据的输入方法

AutoCAD 2008 可以通过输入数据来精确绘图，需要在绘图命令提示中给出点的位置来实现，主要有如下几种方法。

（1）移动鼠标给点

当所需的点在确定的捕捉点时，直接移动鼠标，单击鼠标左键即可。

（2）键盘输入坐标给点

坐标按数值的类型分为直角坐标和极坐标两种；按相对性又分绝对坐标和相对坐标两种。因此，有如下 4 种情况。

绝对直角坐标：（x，y）即所给点与坐标原点（0，0）的水平、垂直距离分别为 x，y。如图 1-12（a）所示。

相对直角坐标：（@ x，y）即所给点与图上指定点（x_0，y_0）的水平、垂直距离分别为 x，y。如图 1-12（b）所示。

绝对极坐标：（$d<\alpha$）即所给点与坐标原点（0，0）的直线距离为 d，而与 X 轴的夹角则为 α。其中，α 水平向右为 0°，逆时针为正，顺时针为负。如图 1-12（c）所示。

相对极坐标：（@ $d<\alpha$）即所给点与图上指定点（x_0，y_0）的直线距离为 d，而与 X 轴的夹角则为 α。如图 1-12（d）所示。

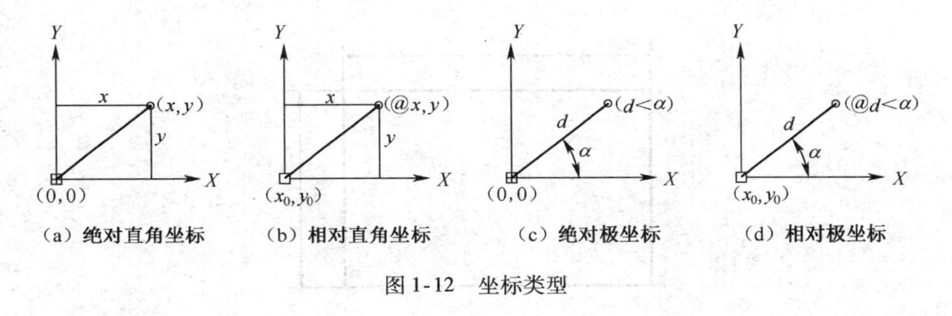

图 1-12　坐标类型

任务三　工程图样的绘制

在学习 AutoCAD 2008 的绘图功能和编辑功能之前，先了解绘制工程图样的简要绘制过程。

1. 设置一幅图样

一幅图样包含了基本的图样环境：绘图单位、图形的幅面、图层、图线的线型等。进入 AutoCAD 屏幕界面会弹出 Start up 对话框的 Use a Wizard 选项，使用 Quick Setup 设置均取默认值。

2. 设置图层

将 1 层设置成粗实线、黑色；2 层设置成细实线、蓝色；3 层设置成尺寸标注线、灰色；4 层设置成虚线、绿色；5 层设置成点画线、红色。

3. 绘制工程图样

① 绘制图框和标题栏。

② 选择比例绘制工程图样。

4. 保存图形

将绘制好的平面图形保存下来，将绘制的图形以“＊.dwg”文件名保存。

5. 退出绘图状态

出图完成之后，可以退出 AutoCAD 图形系统。在“Command：”下，输入“End”回车，系统将自动存图退出 AutoCAD。

图例练习

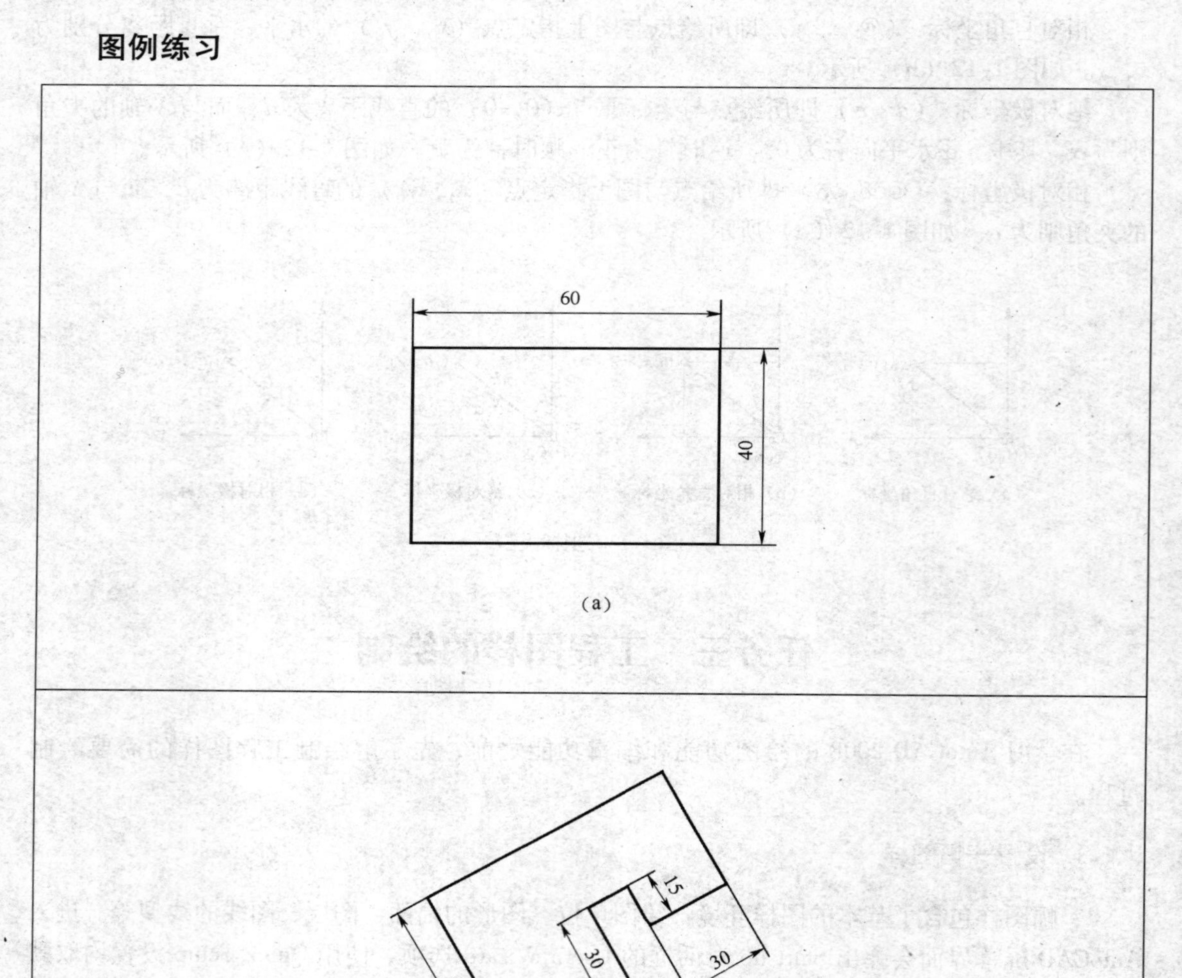

(a)

(b)

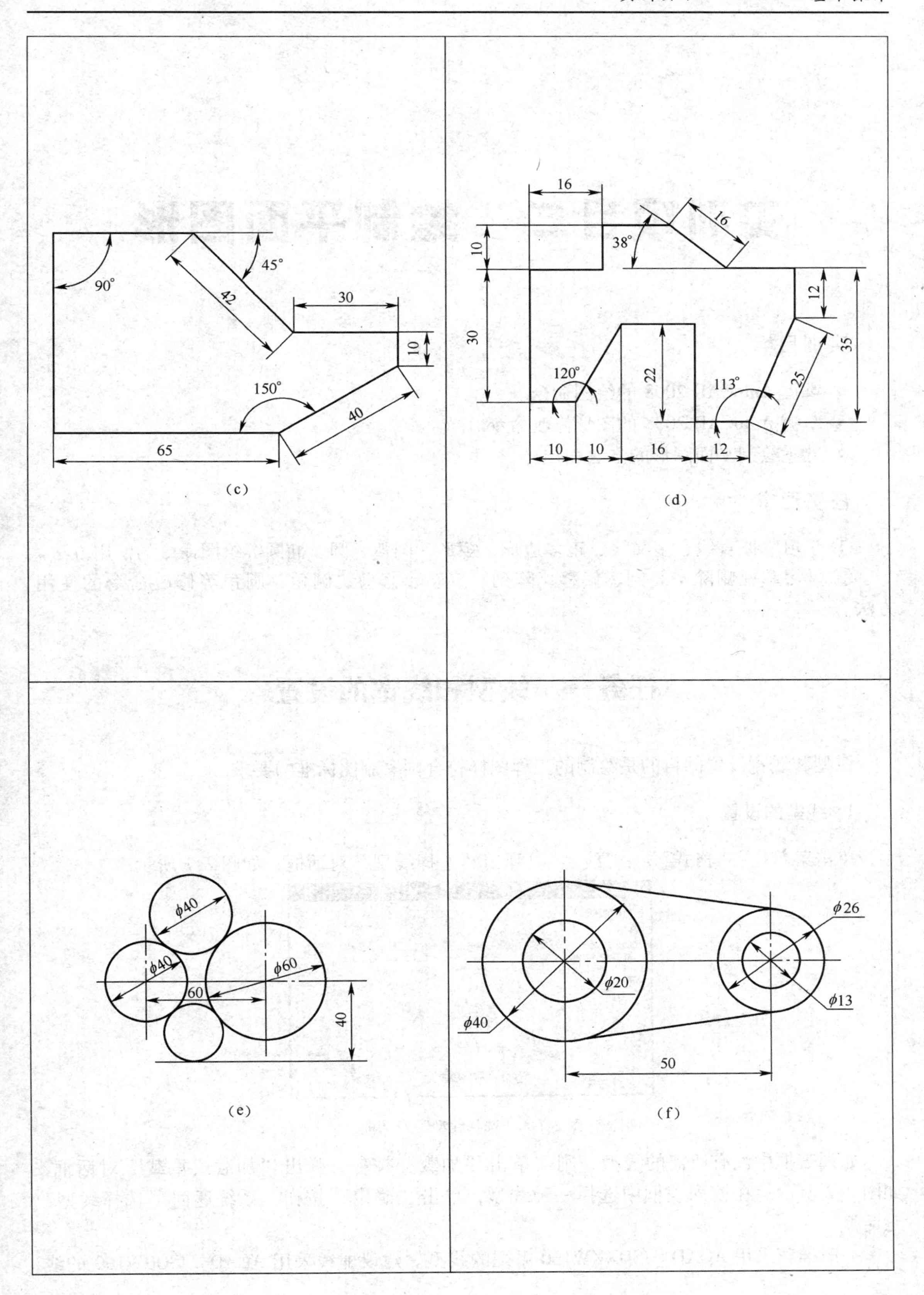
90°
45°
42
30
10
150°
40
65
16
16
38°
10
30
12
35
120°
22
113°
25
10
10
16
12
φ40
φ40
φ60
60
40
φ26
φ20
φ13
φ40
50

(c)

(d)

(e)

(f)

实训项目二　绘制平面图形

实训目标

- 掌握 AutoCAD 2008 的绘图命令。
- 掌握 AutoCAD 2008 的图形修改命令。
- 熟悉绘制平面图形的方法和技巧。

任务要求

① 学习掌握直线、多义线、正多边形、矩形、圆弧、圆、椭圆等绘图命令的使用方法。

② 学习掌握删除、复制、偏移、阵列、旋转、修剪、倒角、圆角等修改命令的使用方法。

任务一　线型和线宽的设置

线型和线宽设置的目的是绘制的工程图样符合国家制图标准的要求。

1. 线型的设置

单击菜单栏："格式" → "线型"。弹出"选择线型"对话框，如图 2-1 所示。

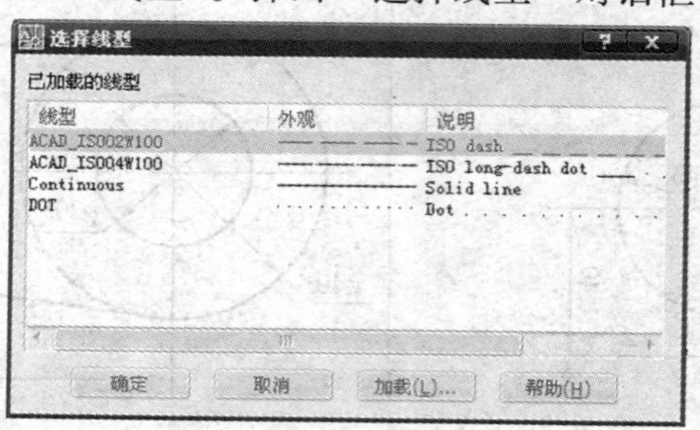

图 2-1　"选择线型"对话框

如列表框中没有所需的线型，则需单击"加载"按钮，弹出"加载或重载"对话框，如图 2-2 所示。在该列表框中选择一种线型，单击"确定"按钮，系统返回"选择线型"对话框。

一般推荐采用 ACAD _ ISOXXW100 系列的线型。建议虚线采用 ACAD _ ISO0W100 的线型，点画线采用 CEHTER 的线型，其线型比例调整为 0.3～0.5。

2. 线宽的设置

单击菜单栏："格式"→"线宽"。弹出"线宽"对话框，如图 2-3 所示。在该对话框中选择一种线宽，单击"确定"按钮。

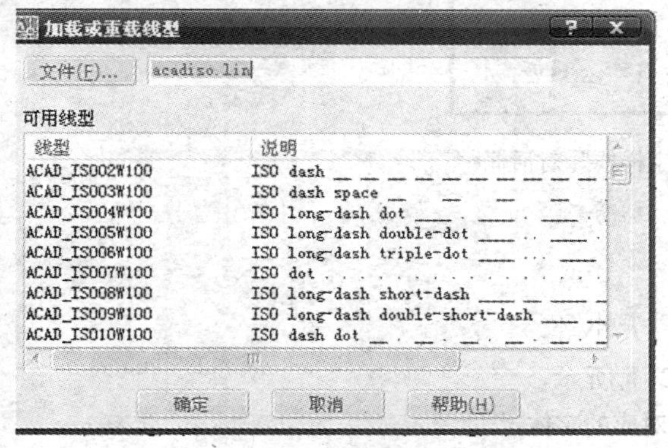

图 2-2　"加载或重载"对话框

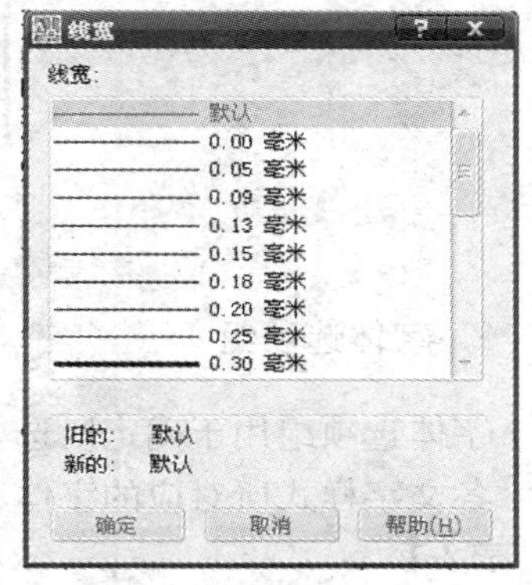

图 2-3　"线宽"对话框

一般细线可直接采用默认的线宽，粗线则以选择线宽为 0.5～0.7mm 为宜，调整线宽显示比例。

任务二　文字样式的设置

文字样式设置的目的是既要符合国家制图标准的要求，又能方便快捷地调用不同字体、不同大小、不同方向的文字进行注写。打开"文字样式"对话框有如下方法。

- 菜单栏："格式"→"文字样式"命令。
- 工具栏：单击文字工具栏 中的"文字样式"按钮。
- 命令行：输入"STYLE"命令。

弹出"文字样式"对话框，如图 2-4 所示。

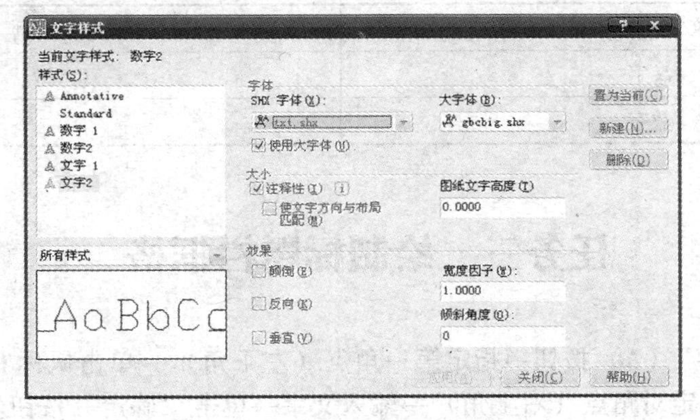

图 2-4　"文字样式"对话框

1. 文字样式

点击“新建”按钮，弹出“新建文字样式”对话框，如图 2-5 所示。在“样式名”中输入新的名称后，单击“确定”按钮，则在文字样式的“样式名”下拉列表框中被确立。

图 2-5 “新建文字样式”对话框

2. 字体选项组

字体选项组用于确定所选文字样式的字体、大小等。

各文字样式所对应的字体和字高推荐如表 2-1 所示。

表 2-1 各文字样式所对应的字体

文字样式名	字体名	字高
汉字	仿宋 GB2312	5
数字	iscop. shx	3

一般按字体高度的毫米数为字号确定文字的大小。

应注意的是：如果在“字体选项组”确定了字高，则只要选择这一文字样式，就只能输入确定字高的文字。当保持字高为“0. 000”不变，当需要输入不同字高的文字时，再根据需要输入字高数值为好。而且，如果连续输入相同字高的文字，只要回车确认即可，较之确定字高的设置，灵活性更好。

3. 效果选项组

宽度比例：

各文字样式所对应的宽度比例推荐如表 2-2 所示。

表 2-2 各文字样式所对应的宽度比例

文字样式名	宽度比例
汉字	0. 667
数字	1

任务三 绘制标题栏框格

单击“多行文字”（A）按钮→指定第一角点（左下角）→单击鼠标右键→输入 j 设置→输入 MC 正中→指定对角点（右上角）→输入文字→单击“确定”按钮。

如果表格大小相同，可直接复制，然后编辑修改文字。

如果表格大小不同，则需分别作对角线，然后通过捕捉对角线中点复制编辑。因文字输入为多行文字，可选择后更改其文字内容、字体、字高等。编辑后如图 2-6 所示。

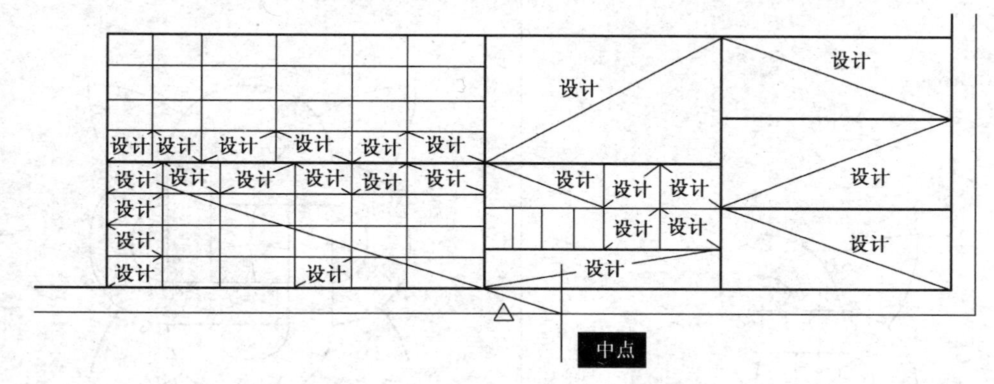

图 2-6 表格大小不同时复制示例

图例练习

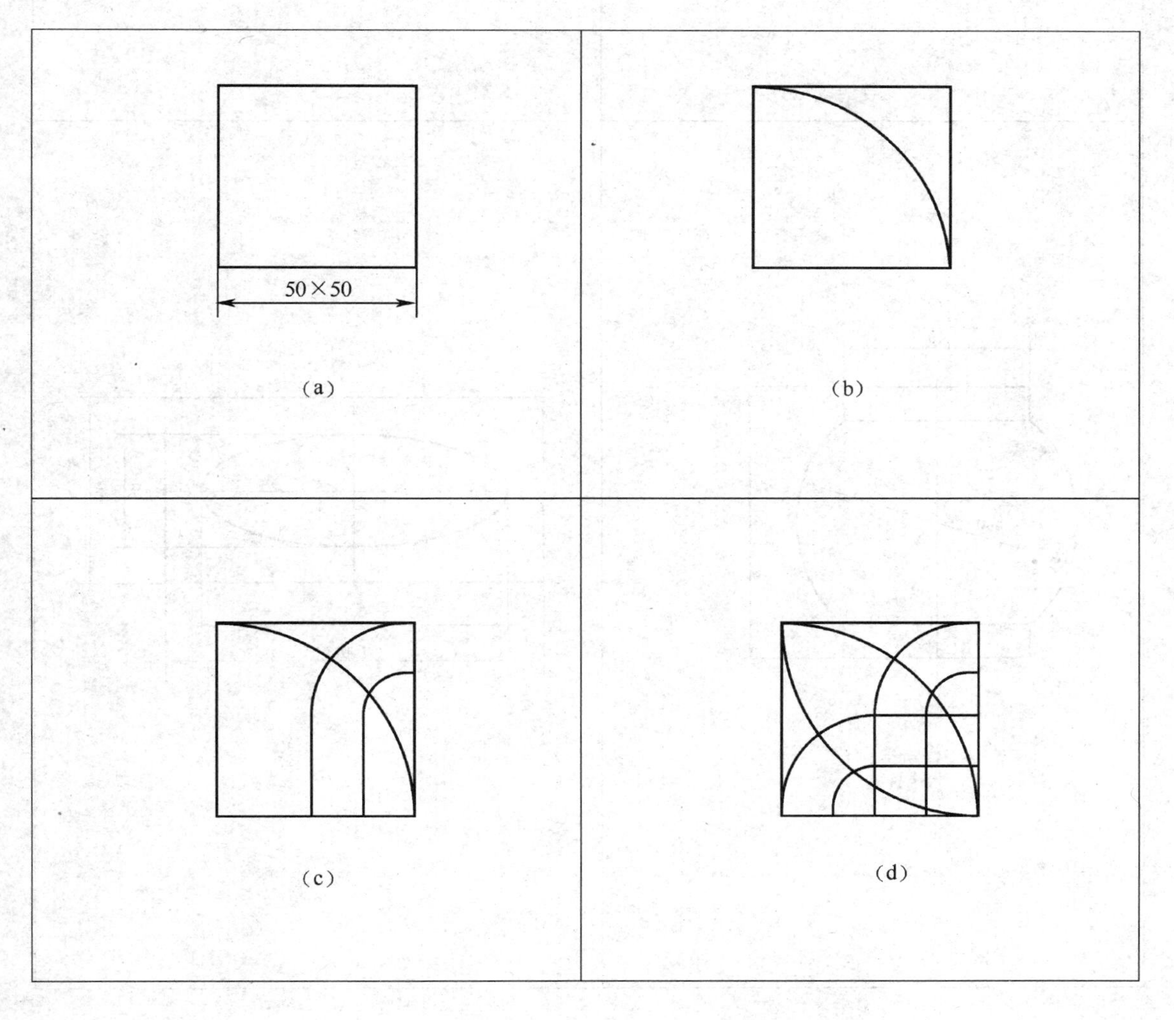

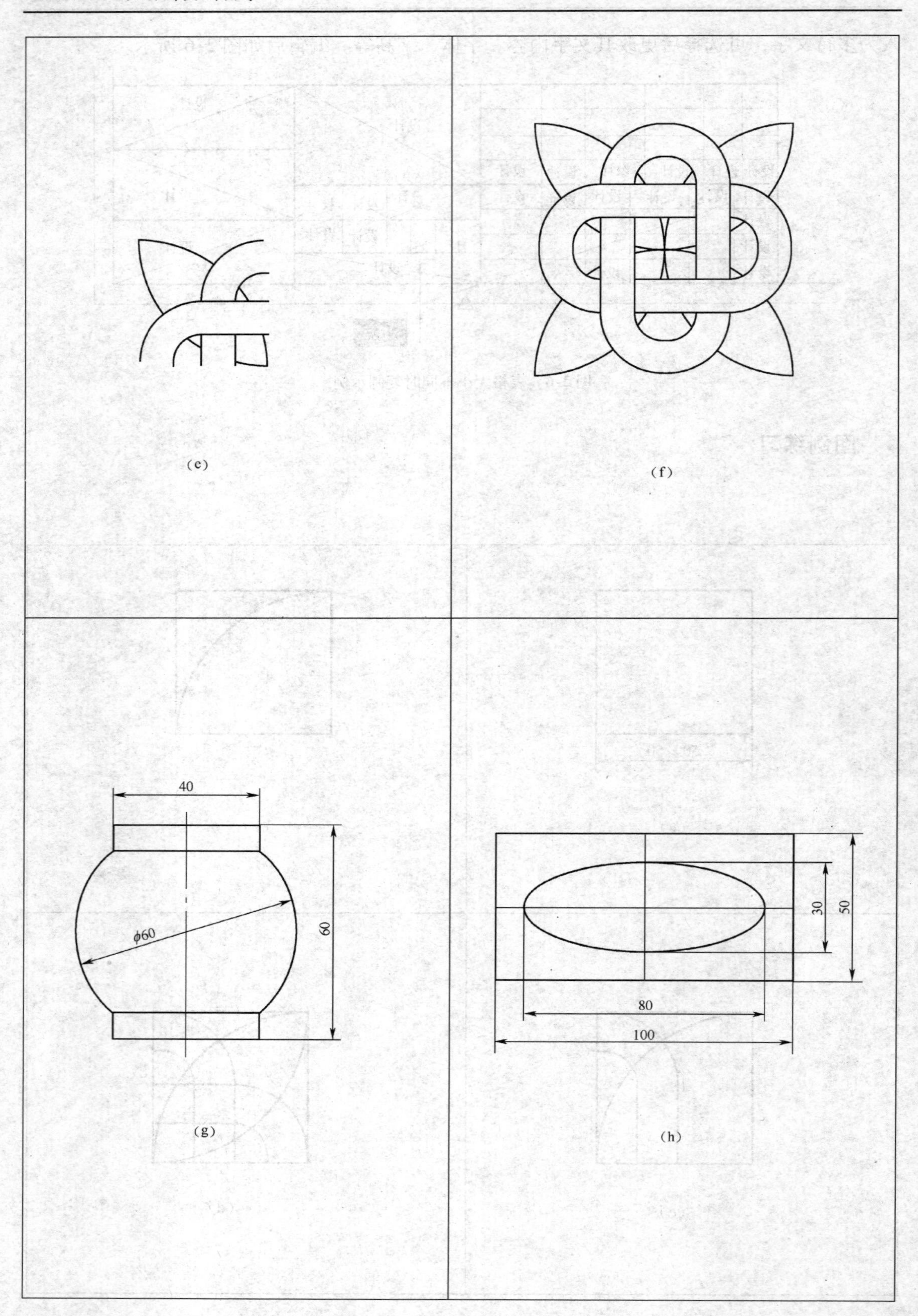
(e)
(f)
40
60
φ60
(g)
30
50
80
100
(h)

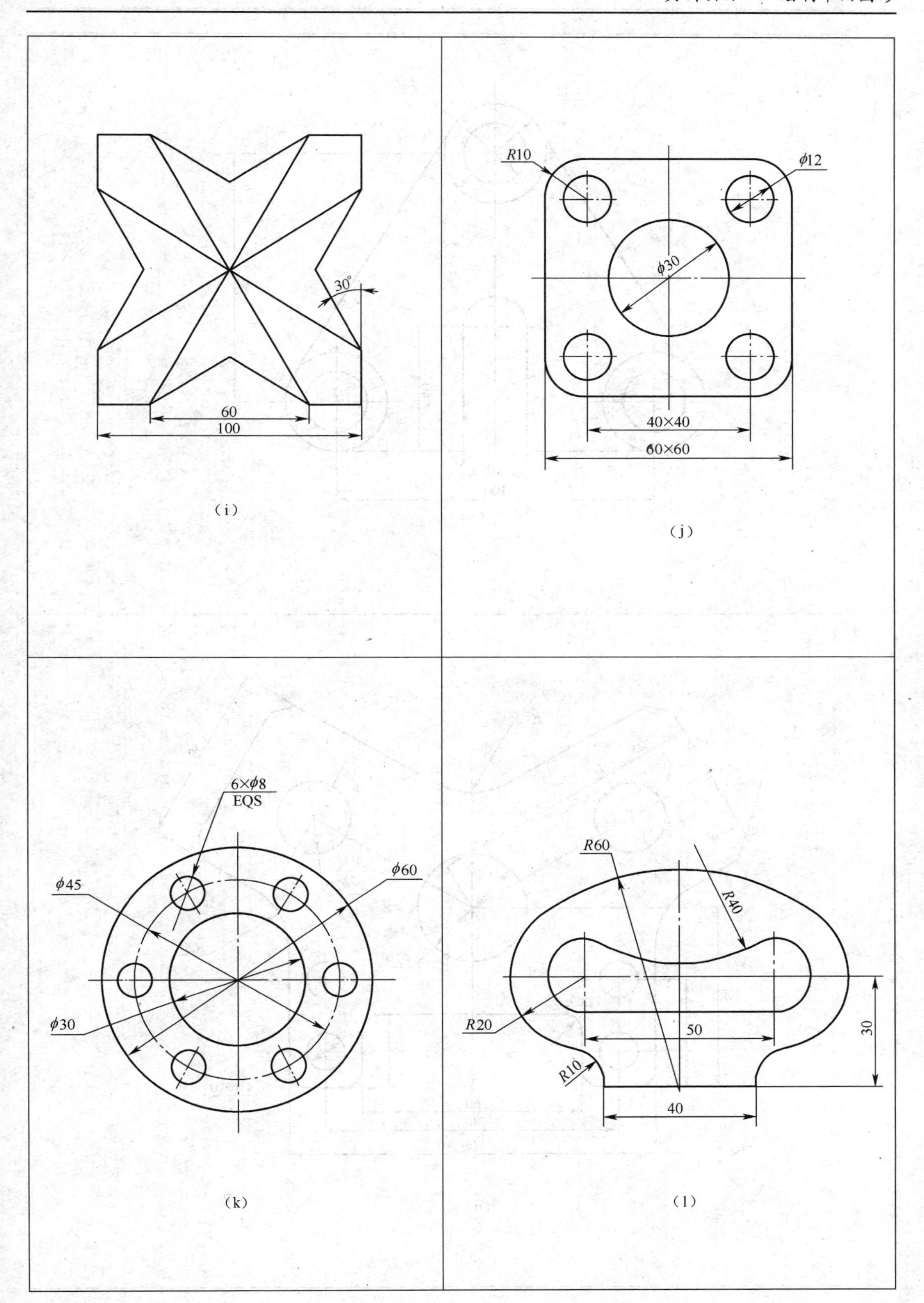
30°
60
100
(i)
R10
ϕ12
ϕ30
40×40
60×60
(j)
6×ϕ8
EQS
ϕ45
ϕ60
ϕ30
(k)
R60
R40
R20
50
30
R10
40
(l)

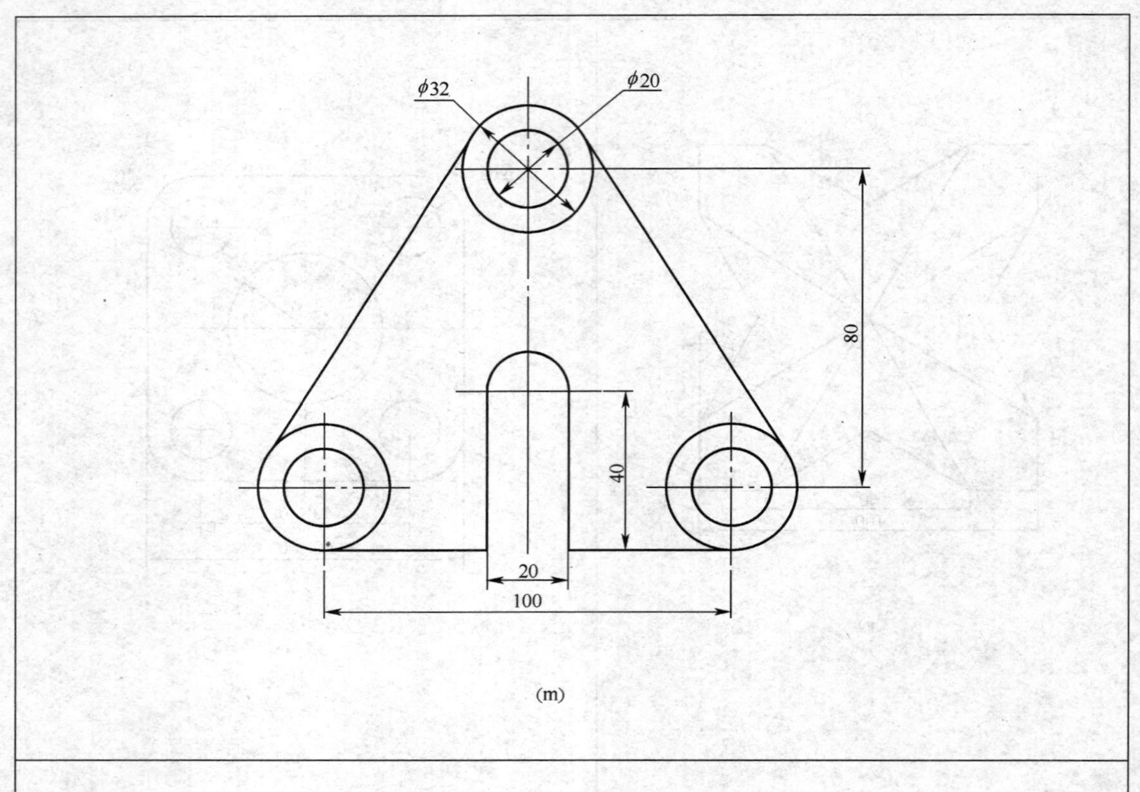

φ32
φ20
80
40
20
100

(m)

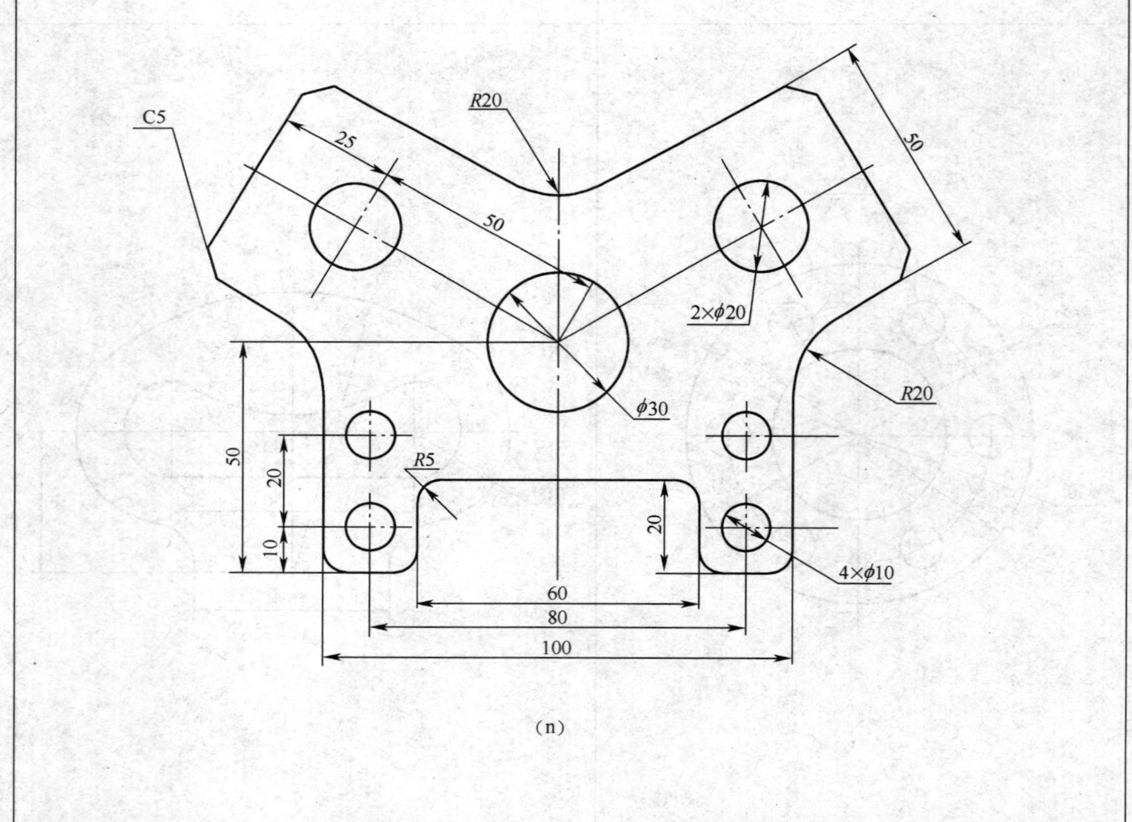

C5
R20
25
50
50
2×φ20
φ30
R20
50
20
10
R5
20
4×φ10
60
80
100

(n)

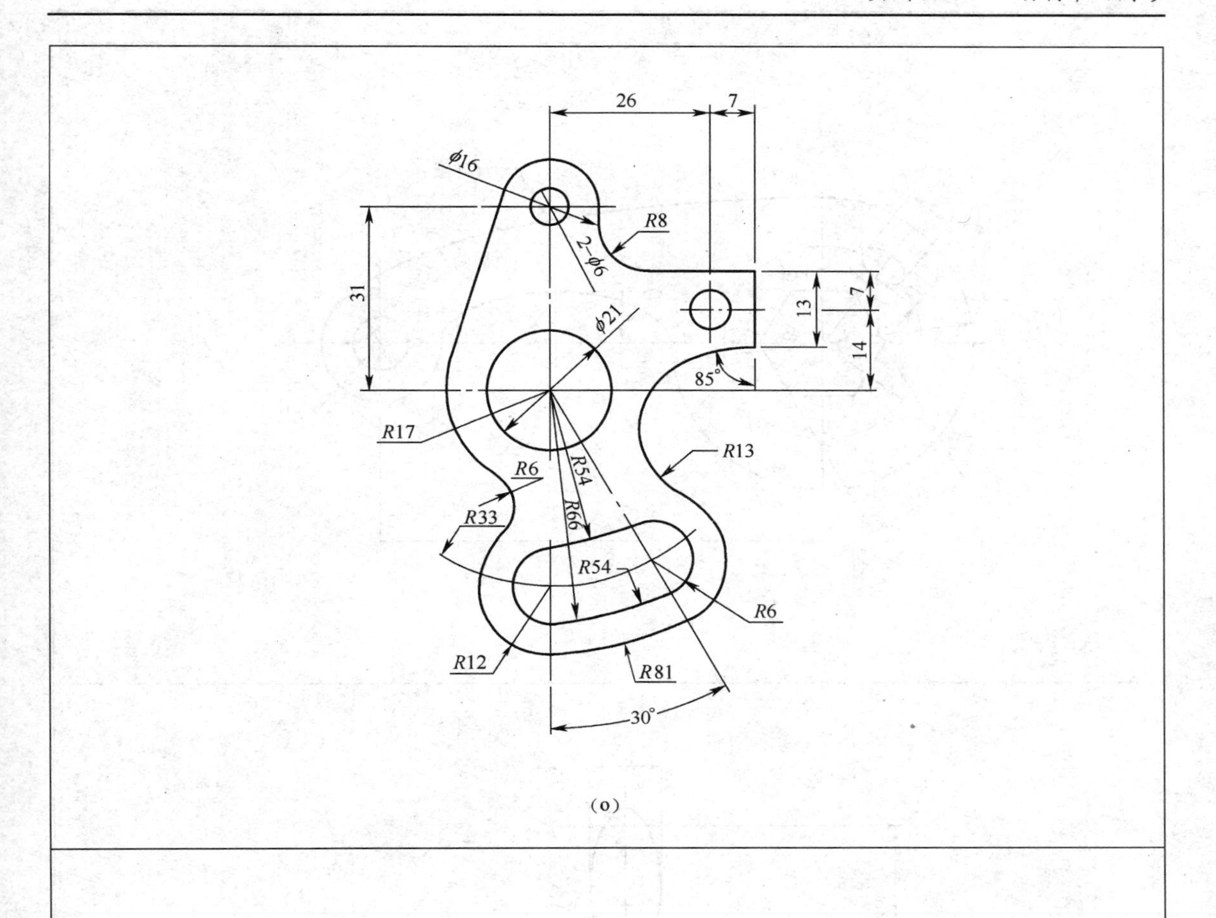
26
7
ϕ16
R8
2-ϕ6
31
ϕ21
13
7
14
85°
R17
R13
R6
R54
R66
R33
R54
R6
R12
R81
30°

(o)

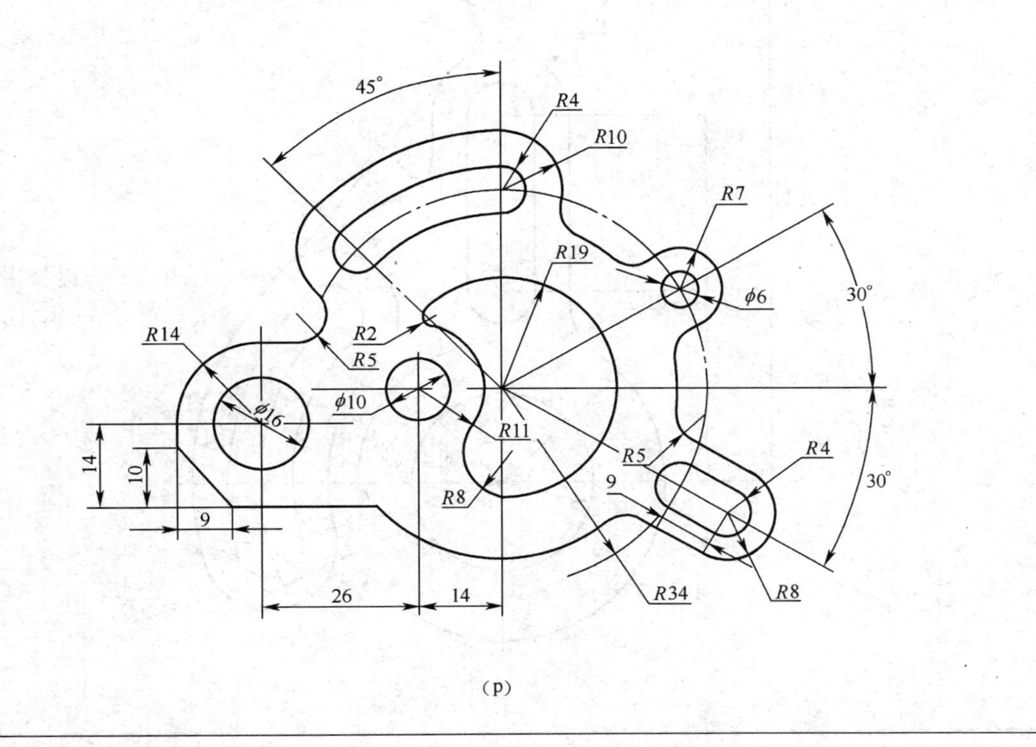
45°
R4
R10
R7
R19
30°
ϕ6
R14
R2
R5
ϕ16
ϕ10
R11
R5
R4
14
10
R8
9
30°
9
R34
R8
26
14

(p)

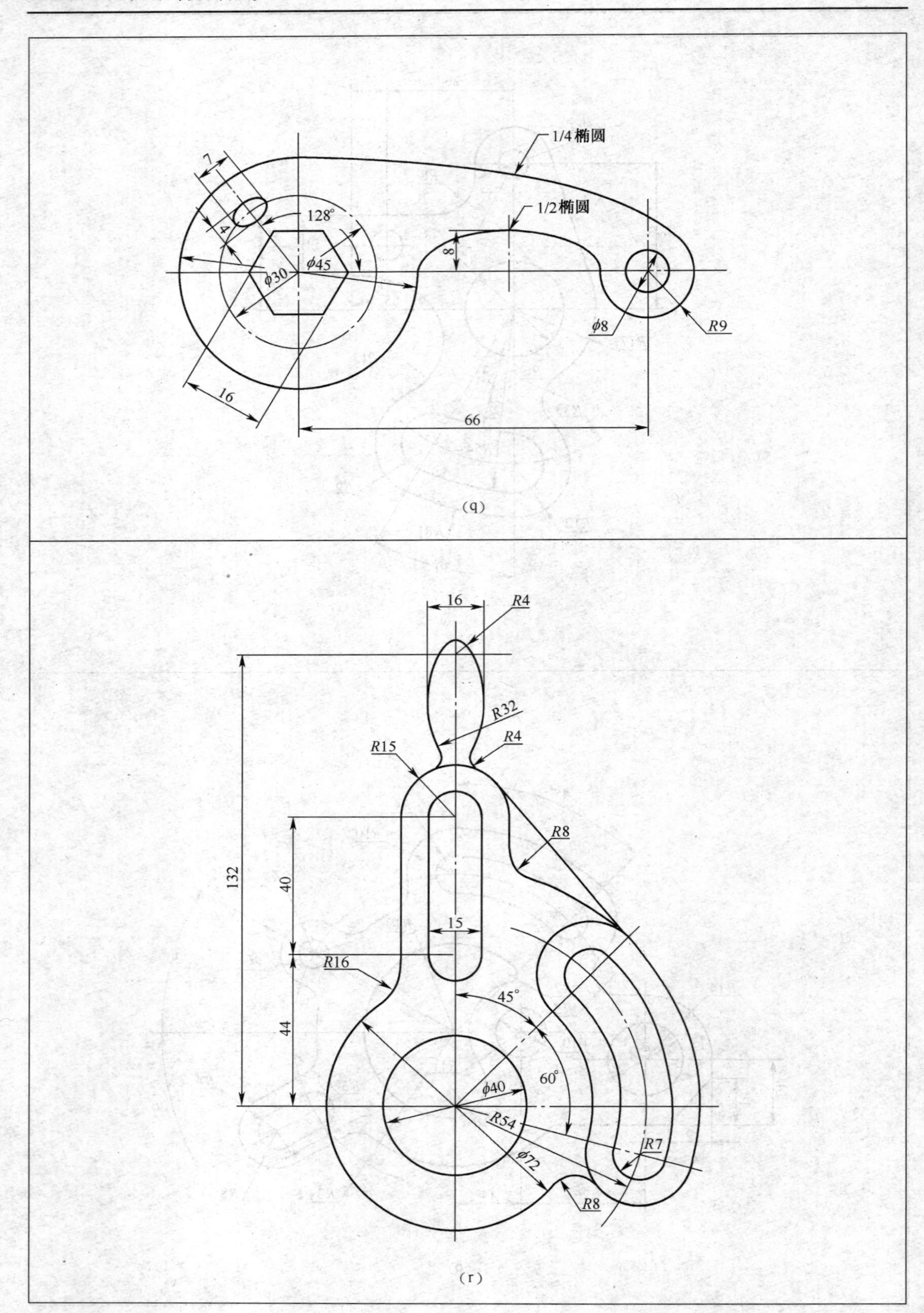
1/4椭圆
1/2椭圆
7
4
128°
8
φ45
φ30
φ8
R9
16
66
16
R4
R32
R4
R15
R8
132
40
15
R16
45°
44
60°
φ40
R54
R7
φ72
R8

(q)

(r)

实训项目三　绘制三视图

实训目标

- 掌握 AutoCAD 2008 的绘图命令。
- 掌握 AutoCAD 2008 的图形修改命令。
- 熟悉 绘制三视图的方法和技巧。

任务要求

① 学习掌握样条曲线、填充等绘图命令的使用方法。
② 学习掌握缩放、分解、打断等修改命令的使用方法。
③ 学习掌握图层、线型、颜色的设置和使用。
④ 学习掌握尺寸标注样式的设置和尺寸标注命令的使用。

任务一　设 置 图 层

图层是 AutoCAD 用来组织和管理图形的一个重要的工具。

我们可以把图层想象为是一张张无色透明的纸，各层之间完全对齐，而且基准点相同，这些图层叠放在一起，就构成了一副完整的图形。

用户可以将具有相同线型、线宽和颜色的对象放在同一图层，我们称在同一图层的这些对象具有相同的对象特性。通过建立图层，可以方便地对某一图层上的图形元素进行修改和编辑，而不会影响到其他图层上的图形。进行图层设置有如下方法。

- 菜单栏："格式"→"图层"。
- 工具栏：单击"图层特性管理器"按钮。
- 命令栏：输入"LAYER"命令。

命令输入后，弹出"图层特性管理器"对话框，如图 3-1 所示。

新建：每单击一次，会出现一个新的图层（图层 1、图层 2……）。

当前：在"图层特性管理器"对话框中选定，且在绘图区域显示的图层。

删除：除 0 图层、当前图层和有实体对象的图层之外，可在"图层特性管理器"对话框中选定不用的空图层，点击"删除"按钮予以删除。

机械制图中常用的线型有：粗实线、细实线、点画线、虚线、双点画线等；在 AutoCAD 中，用图层特性管理器进行设置。一般一个图层设置一个线型，用不同颜色加以区别。建议

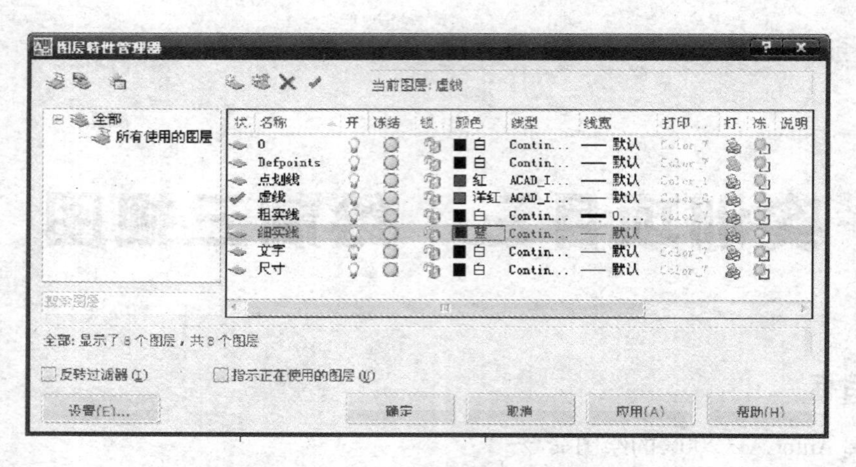

图 3-1 “图层特性管理器”对话框

设置建立粗实线、细实线、点画线、虚线、尺寸标注线，5 个图层。

单击“图层特性管理器”按钮，弹出“图层特性管理器”对话框，单击“新建”按钮，除原有的“0”图层之外，建立 5 个图层。各图层相关对象特性如表 3-1 所示。

表 3-1 **各图层相关对象特性**

序号	名称	颜色	线型	线宽
1	点画线	红色	CEHTER	默认
2	虚线	绿红	ACAD _ ISOXXW100	默认
3	细实线	蓝色	CONTINUOUS	默认
4	粗实线	黑色	CONTINUOUS	0. 5 ~ 0. 7mm
5	尺寸标注线	252（灰色）	CONTINUOUS	默认

根据图形尺寸，其点画线、虚线、双点画线的线型比例选 0. 3 ~ 0. 5 为宜。

任务二 设置尺寸标注

尺寸标注，既要符合有关制图的国家标准规定，又要满足不同比例图面的协调，所以，要对尺寸标注样式进行设置，以便得到正确统一的尺寸样式。对尺寸标注进行设置的方法有如下几种。

1. 标注样式管理器

- 菜单栏：“标注”→“样式”命令。
- 工具栏：单击“标注样式”按钮。
- 命令行：输入“DIMSTYLE”命令。

命令输入后，弹出“标注样式管理器”对话框，如图 3-2 所示。

“当前标注样式”标签：用于显示当前使用的标注样式名称。

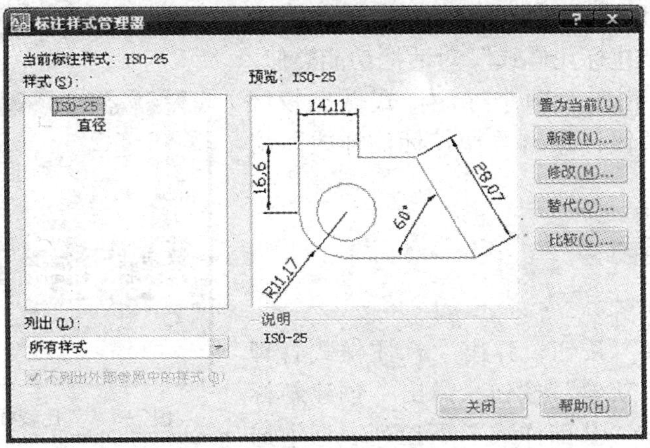

图 3-2　“标注样式管理器”对话框

“样式”列表框：用于列出当前图中已有的尺寸标注样式。

“预览”框：用于预览当前尺寸标注样式的标注效果。

“置为当前”按钮：用于将所选的标注样式确定为当前的标注样式。

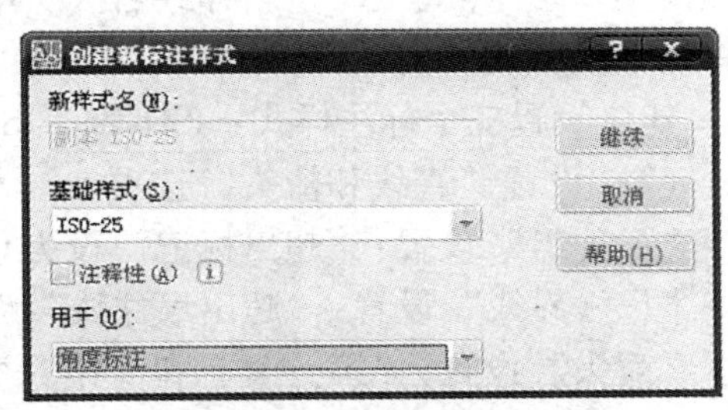

图 3-3　“创建新标注样式”对话框

“新建”按钮：用于创建新的尺寸标注样式。单击“新建”按钮后，弹出“创建新标注样式”对话框，如图 3-3 所示。在“创建新标注样式”对话框里，输入新样式名，选择基础样式和适用范围，点击“继续”按钮，弹出“新建标注样式”对话框。如图 3-4 所示。

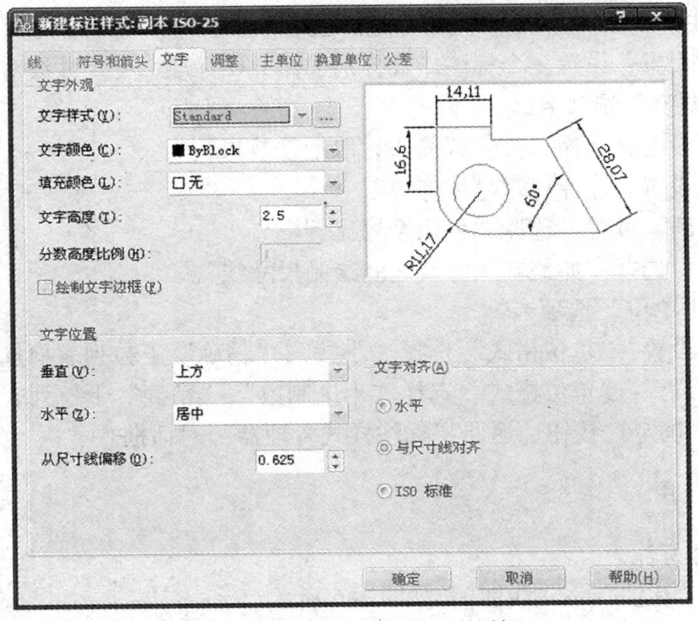

图 3-4　“新建标注样式”对话框

“修改”按钮：用于修改已有的标注尺寸样式。单击该按钮后，弹出“修改标注样式”

对话框，与“新建标注样式”对话框功能类似。

“替代”按钮：用于设置当前标注样式的替代样式。单击该按钮后，弹出“替代标注样式”对话框，与“新建标注样式”对话框功能类似。

“比较”按钮：用于对两个标注样式做比较区别。单击“比较”按钮，弹出“比较标注样式”对话框，如图 3-5 所示。

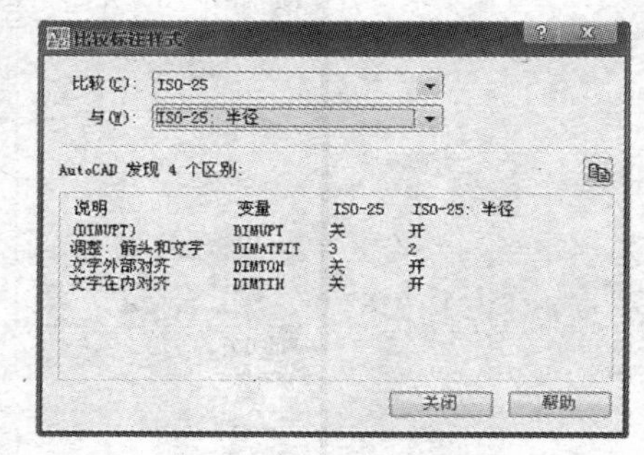

图 3-5 “比较标注样式”对话框

2. 标注样式的设置

(1) 创建新样式名

单击“标注样式”按钮，弹出“标注样式管理器”对话框→单击“新建”按钮，弹出“创建新标注样式”对话框→在“基础样式”下拉列表框中选择“ISO-25”样式→在“新样式名”文本框中输入“样式名”→单击“继续”按钮，弹出“新建标注样式”对话框。

建议设置三个标注样式：ISO-25、ISO-25－对齐、ISO-25－角度。

(2) 设置“直线和箭头”选项卡

“尺寸组”设置：“超出标记”设为 0，“基线间距”设为 8。

“尺寸界线”设置：“超出尺寸线”设为 2，“起点偏移量”设为 0。

“箭头”设置：“第一个”和“第二个”选择“实心闭合”，“箭头大小”设为 3。

(3) 设置“文字”选项卡

“文字外观”设置：“文字样式”选择“数字 1”，“文字高度”选择 3.5。

“文字位置”设置：“垂直”下拉列表框选择“上方”，“水平”下拉列表框选择“置中”，“尺寸偏移量”设为 1。

建议角度标注样式在“垂直”下拉列表框选择“外部”。

“文字对齐”设置：设置三个标注样式分别选择 ISO 标准、与尺寸线对齐、水平。

(4) 设置“调整”选项卡

“调整选项”设置：选择“文字或箭头，取最佳效果”。

“文字位置”设置：选择“尺寸线旁边”。

“标注特征比例”设置：选择“使用全局比例”。

“调整”设置：选择“始终在尺寸线之间绘制尺寸线”。

(5) 设置“主单位”选项卡

“线性标注”设置：“单位格式”选择“小数”，“精确”下拉列表框选择“0”。

“角度标注”设置：“单位格式”选择“十进制数”，“精确”下拉列表框选择“0”。设置完成后，单击“确定”按钮，返回“标注样式管理器”对话框。

3. 尺寸标注应用

(1) 线性尺寸标注

打开菜单栏：“标注”→“线性”，如图 3-6 所示。

(2) 对齐标注

打开菜单栏：“标注”→“对齐”，如图 3-7 所示。

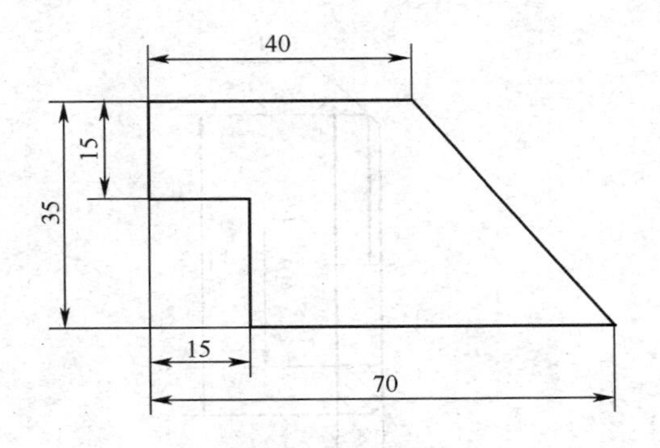

图 3-6　线性尺寸标注样式标注示例

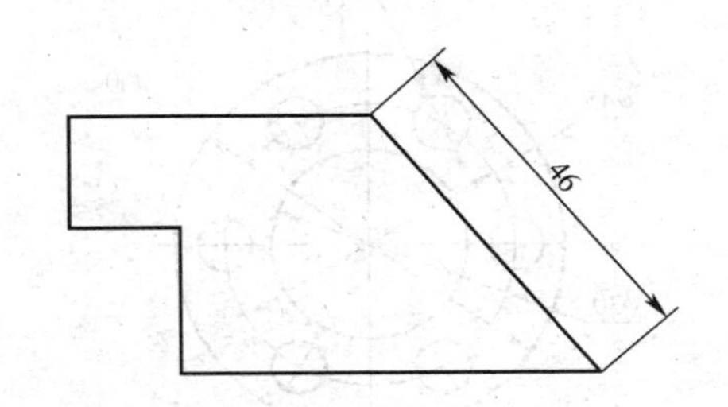

图 3-7　倾斜标注样式标注示例

(3) 线性直径标注

机械图样中的直径尺寸经常标注在非圆的视图上，这需要利用“线性标注”命令或“对齐标注”命令进行标注。

利用这两个命令中的“单行”或“多行”选项，在尺寸文字前面添加字母“%%C”，直接利用该样式在非圆视图上标注直径尺寸。如图 3-8 所示。

(4) 半径标注

打开菜单栏：“标注”→“半径”，如图 3-9 所示。

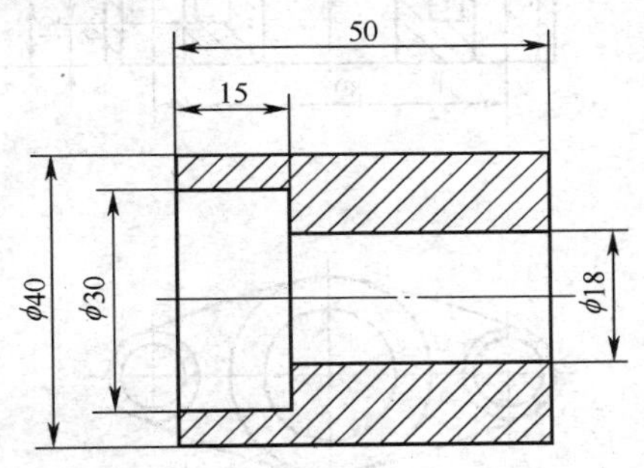

图 3-8　直径标注样式标注示例

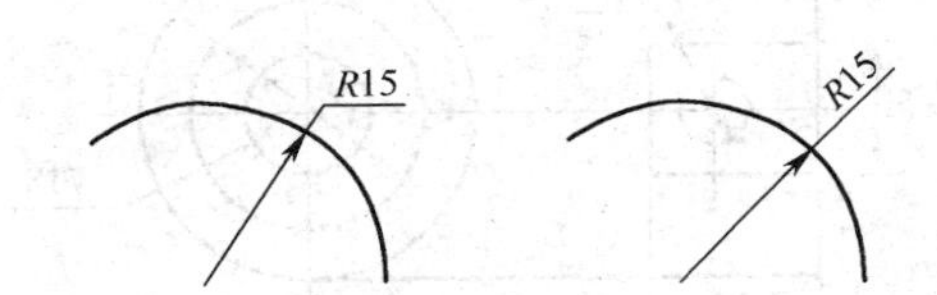

图 3-9　圆弧半径标注样式示例

(5) 直径标注

打开菜单栏：“标注”→“直径”，如图 3-10 所示。

(6) 角度标注

打开菜单栏：“标注”→“角度”，如图 3-11 所示。

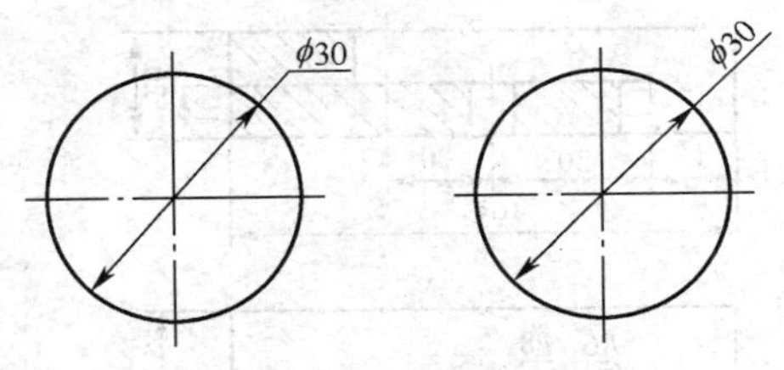

图 3-10　圆直径标注样式示例

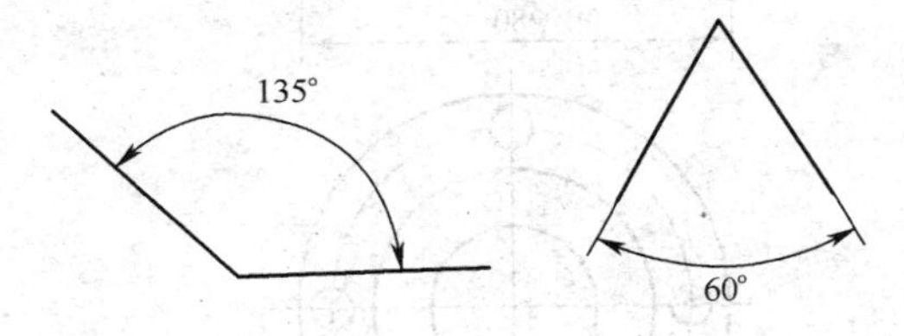

图 3-11　“角度”标注样式示例

(7) 其他常见标注

其他常见标注如图 3-12 和图 3-13 所示。

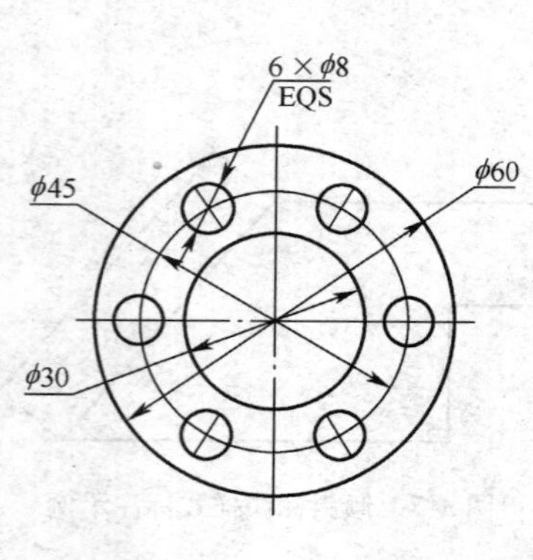

图 3-12　标注样式示例

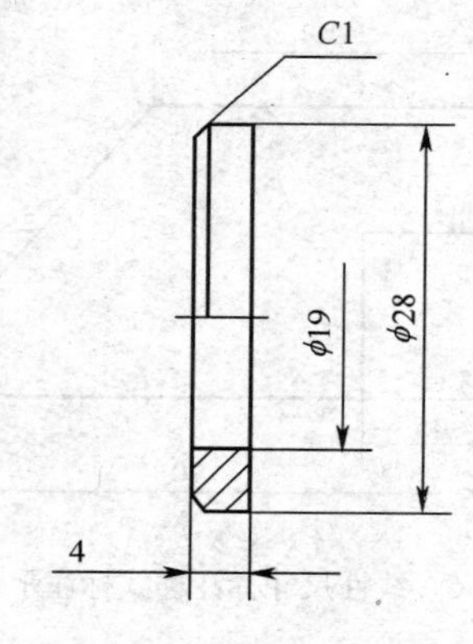

图 3-13　标注样式示例

图例练习一

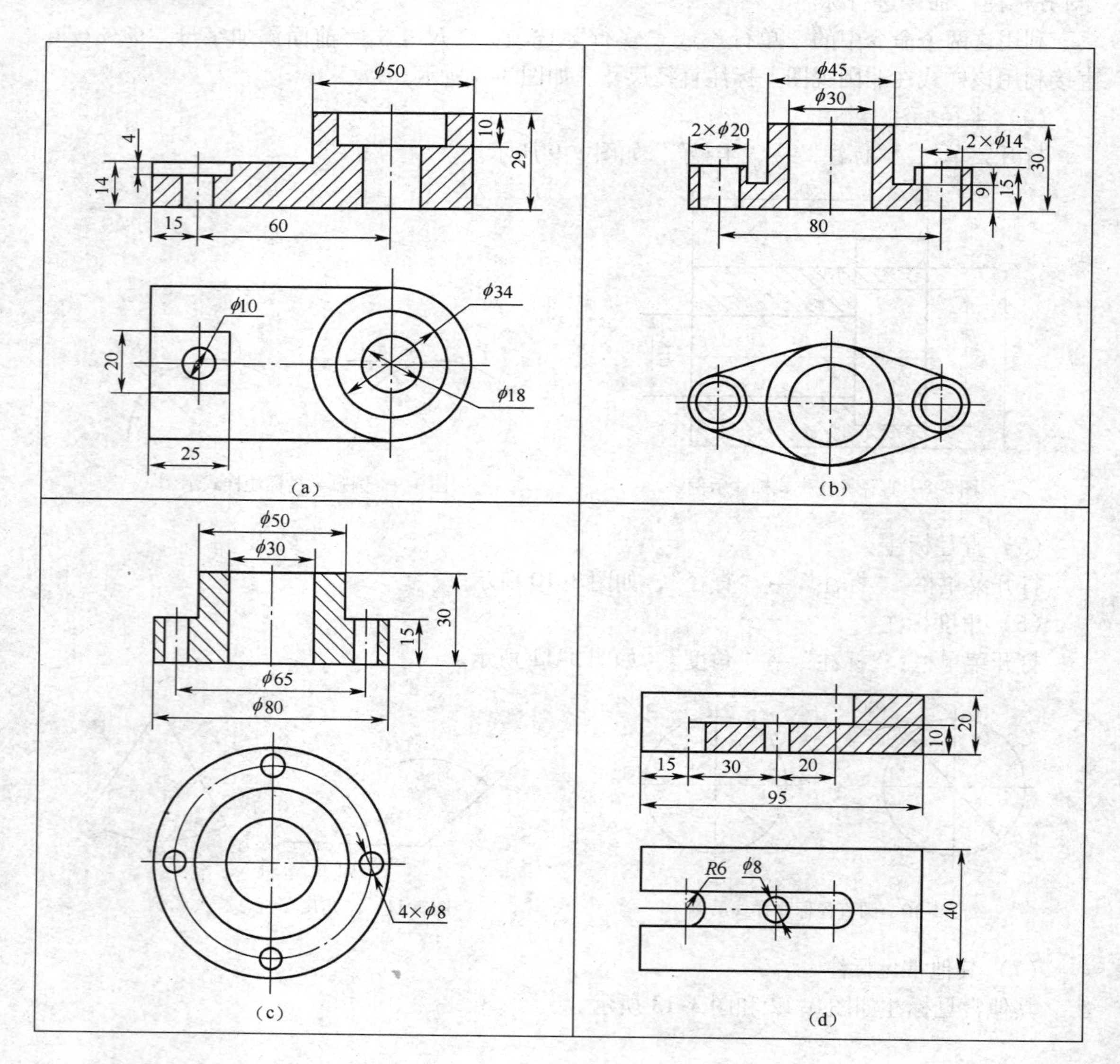

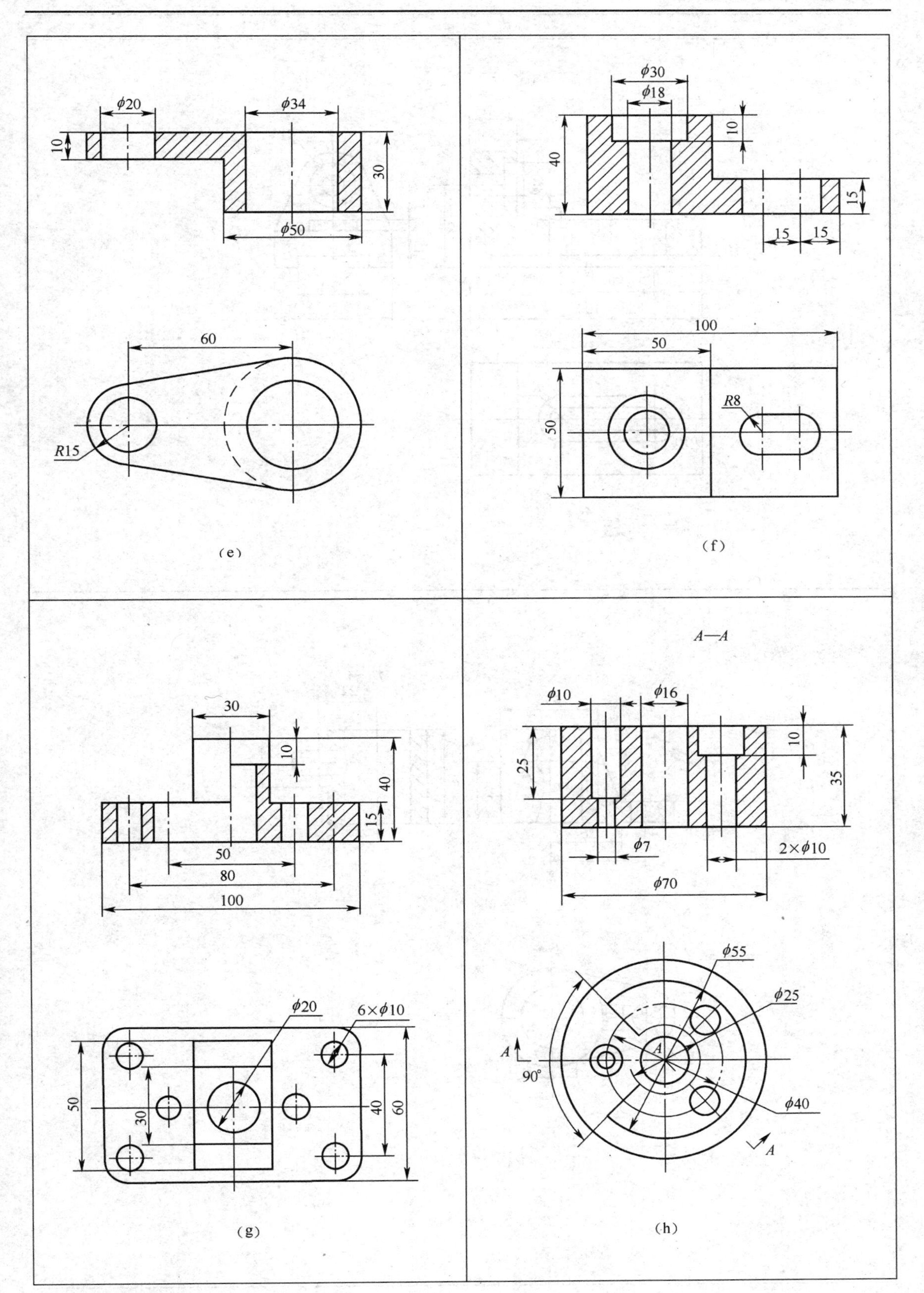
φ20
φ34
10
30
φ50
60
R15
(e)
φ30
φ18
10
40
15
15
15
100
50
R8
50
(f)
30
10
40
15
50
80
100
φ20
6×φ10
50
30
40
60
(g)
A—A
φ10
φ16
25
10
35
φ7
2×φ10
φ70
φ55
φ25
A
A
90°
φ40
A
(h)

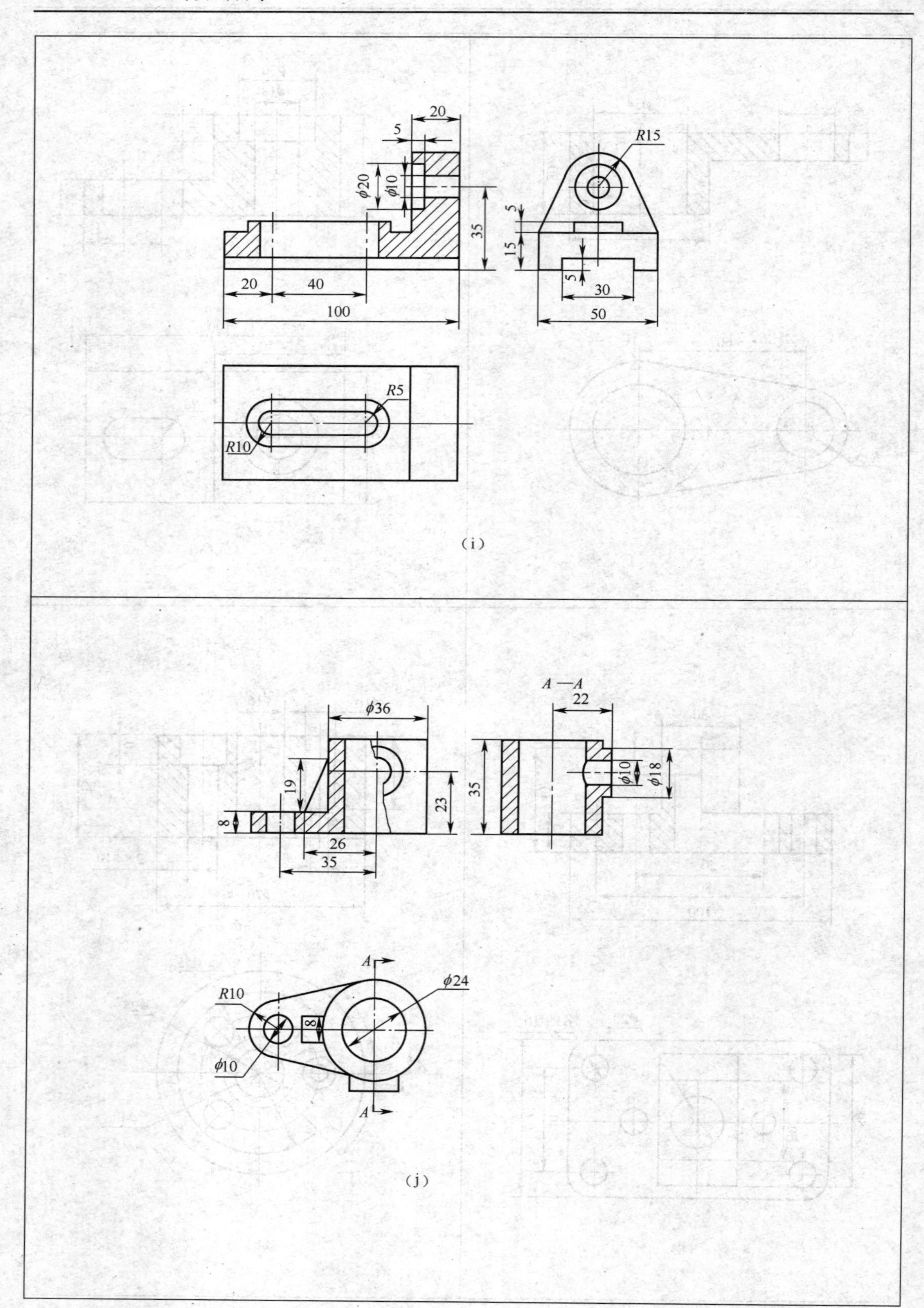
20
5
ϕ20
ϕ10
35
20
40
100
R15
5
15
5
30
50
R5
R10
A—A
22
ϕ36
19
8
23
26
35
35
ϕ10
ϕ18
A
R10
ϕ24
8
ϕ10
A

（i）

（j）

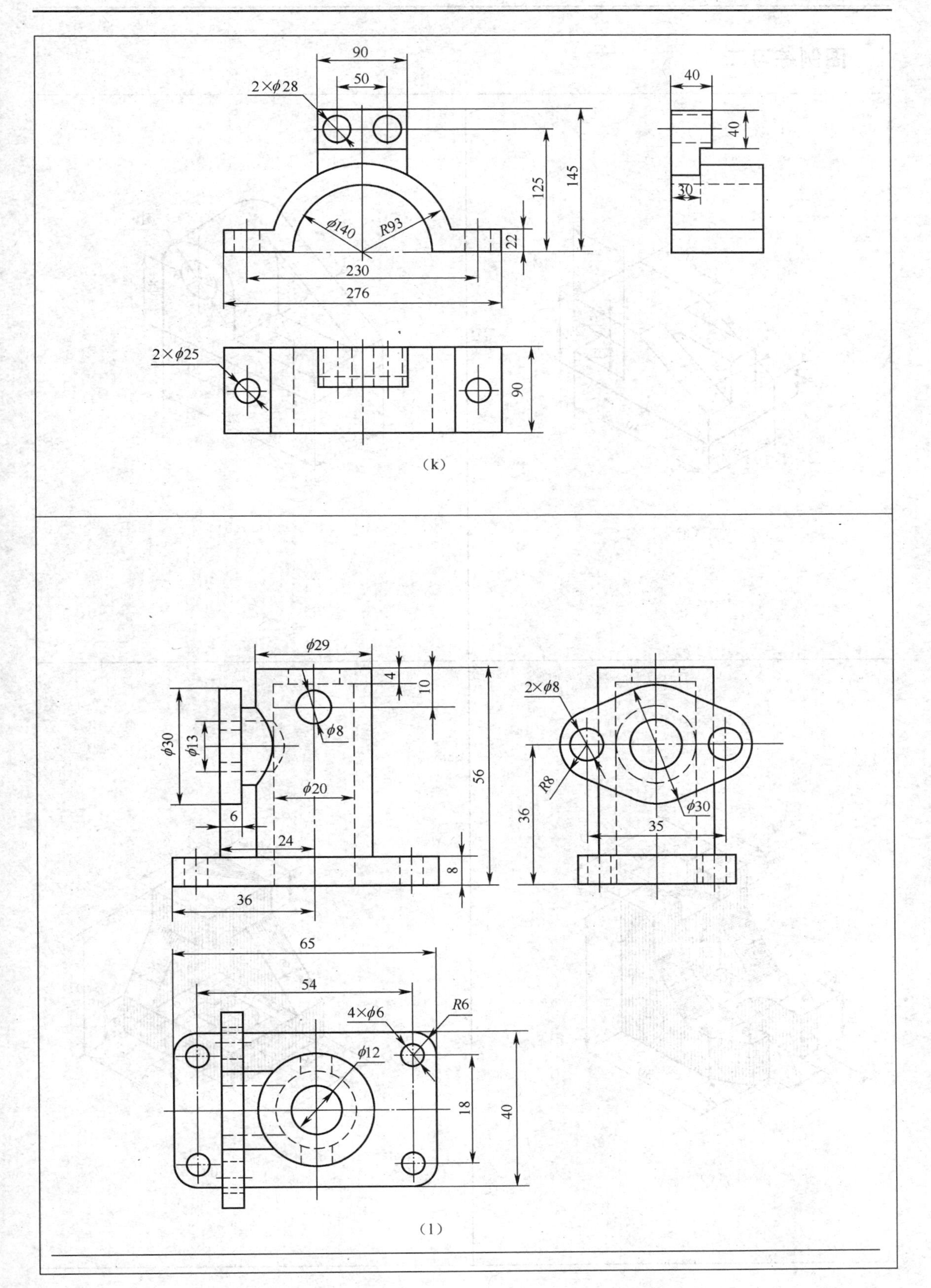
90
50
2×φ28
40
40
125
145
30
φ140
R93
22
230
276
2×φ25
90
φ29
4
10
2×φ8
φ30
φ13
φ8
56
φ20
R8
6
36
φ30
24
35
8
36
65
54
R6
4×φ6
φ12
18
40

(k)

(l)

图例练习二

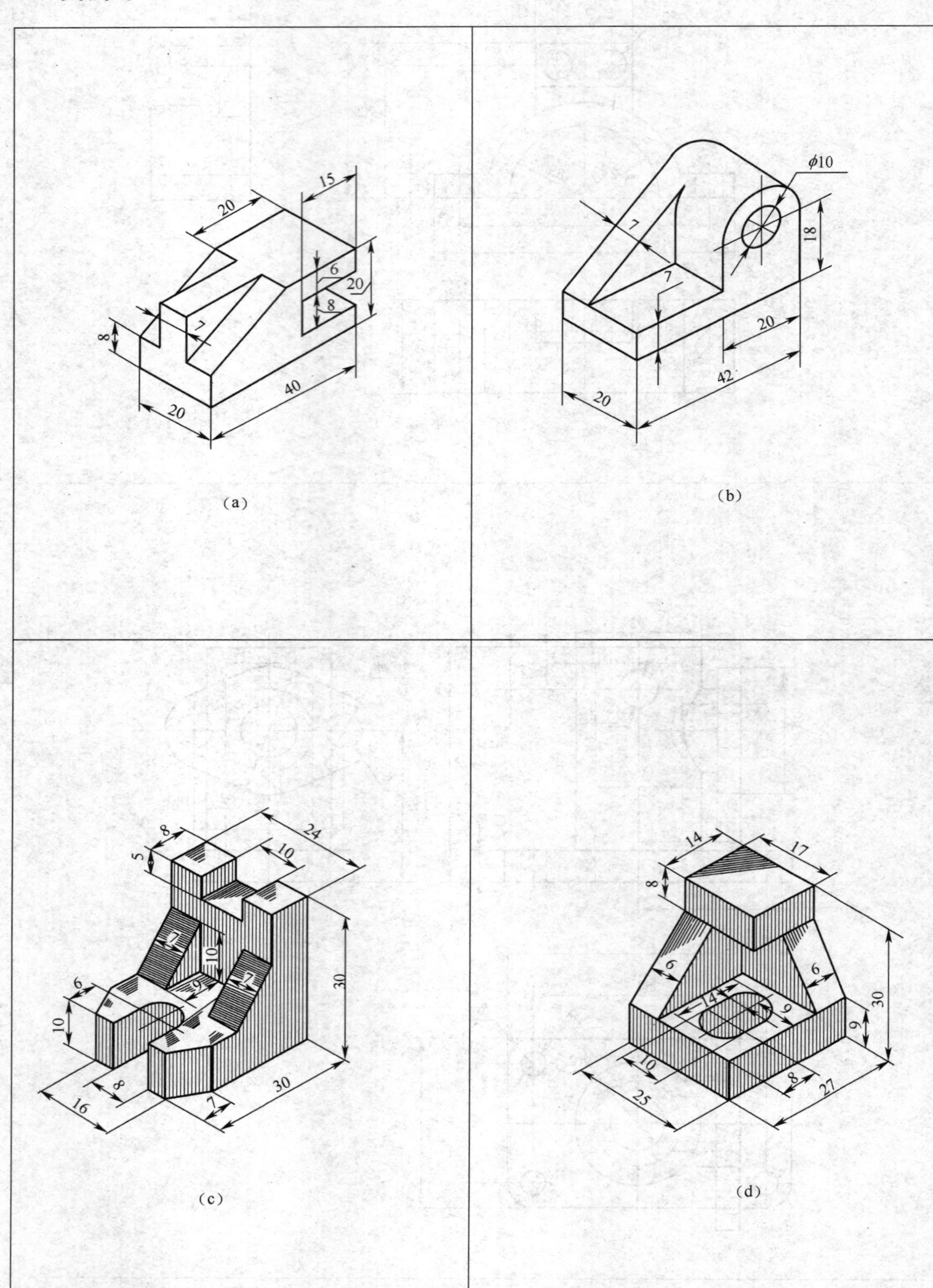

15
20
6
20
8
7
8
20
40
(a)
φ10
7
18
7
20
42
20
(b)
8
24
5
10
7
10
7
6
9
10
30
16
8
7
30
(c)
14
17
8
6
6
14
9
30
9
10
8
25
27
(d)

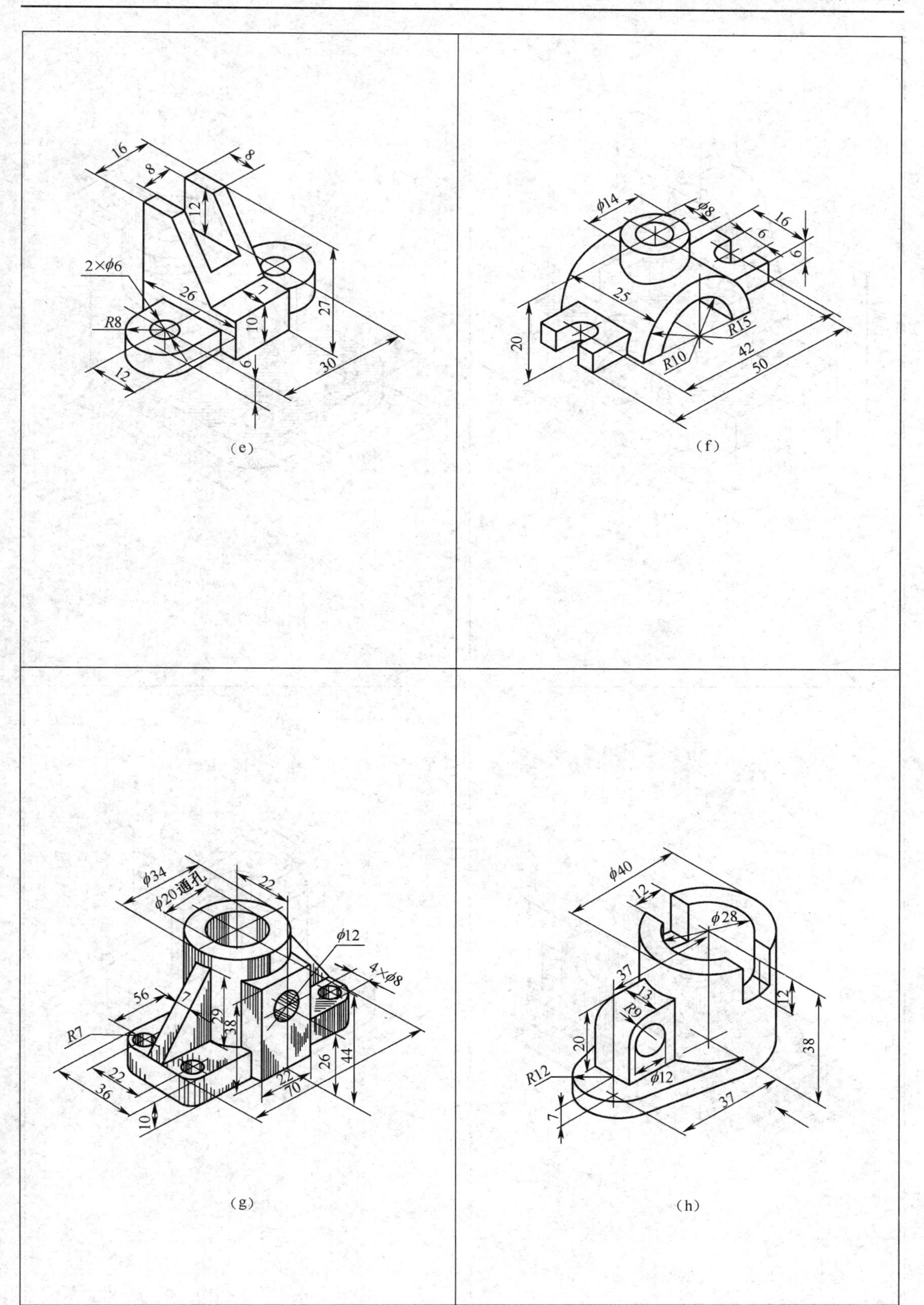
16
8
8
12
2×ϕ6
26
7
R8
10
27
6
30
12
ϕ14
ϕ8
16
6
6
25
R15
20
42
R10
50
ϕ34
ϕ20通孔
22
ϕ12
4×ϕ8
56
7
29
38
R7
22
22
70
26
44
36
10
ϕ40
12
ϕ28
37
13
R9
12
20
38
ϕ12
R12
7
37
(e)
(f)
(g)
(h)

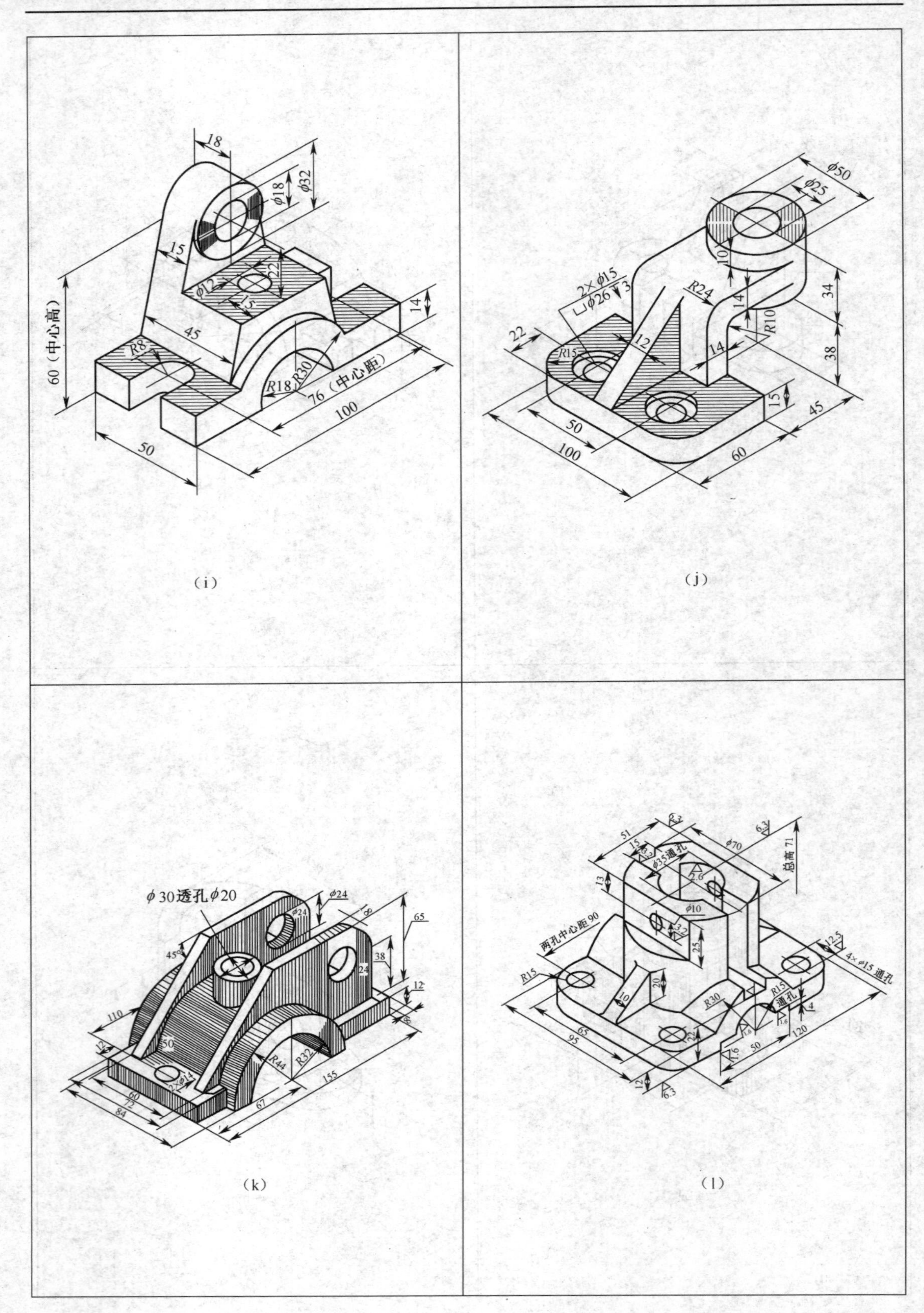
18
ϕ32
ϕ18
15
22
ϕ12
15
14
60（中心高）
45
R8
R30
R18
76（中心距）
100
50
ϕ50
ϕ25
10
2×ϕ15
⌴ϕ26↧3
R24
14
34
22
12
R10
R15
14
38
15
45
50
100
60
ϕ30透孔ϕ20
ϕ24
18
65
45°
38
24
12
110
R44
R32
155
60
72
84
67
51
15
ϕ35通孔
ϕ70
总高 71
13
ϕ10
25
两孔中心距90
R15
4×ϕ15 通孔
12.5
20
10
R30
R15
通孔
65
95
22
50
120
12

（i）

（j）

（k）

（l）

实训项目四　绘制零件图

实训目标

- 通过绘制零件图，巩固机械制图的知识，加强工程图样中国家标准的概念。
- 进一步熟悉 AutoCAD 的绘图、编辑命令及精确绘图的方法。
- 掌握计算机绘制零件图的方法和技巧。

任务和要求

① 学习掌握图块的创建、插入和编辑。

② 学习掌握公差的尺寸标注和形位公差的标注方法。

③ 掌握绘制零件图的方法、步骤及要求。

图块是图形中一个或多个对象所组成的一个整体；它用一个块名保存，可以根据作图需要插入到图中任意指定的位置，还可以按不同的比例和旋转角度插入。

使用图块，可以提高绘图速度，节省存储空间，便于修改图形，还能添加属性，使相同的图形附带上不同的型号、参数等信息。

任务一　创建、插入和编辑图块

在当前图形中创建、保存和使用的图块，称为内部图块；作为独立的图形文件保存，能够在任何图形文件中使用的图块，称为外部图块。两种图块，不仅名称不同，保存方法各异，创建方法也各不相同。

1. 内部图块的创建

- 菜单栏："绘图"→"块"→"创建"。
- 工具栏：单击"图块"按钮。
- 命令行：输入"BLOCK"命令。

输入命令后，弹出"块定义"对话框，如图 4-1 所示。

各选项卡功能如下。

"名称"文本框：为图块命名，如"粗糙度"、"螺栓"等。

"基点"选项组：用于指定图块插入图形时的位置，如粗糙度选择下顶点等，可以直接输入坐标值，但一般点击"拾取点"按钮，在图块上确定基点。

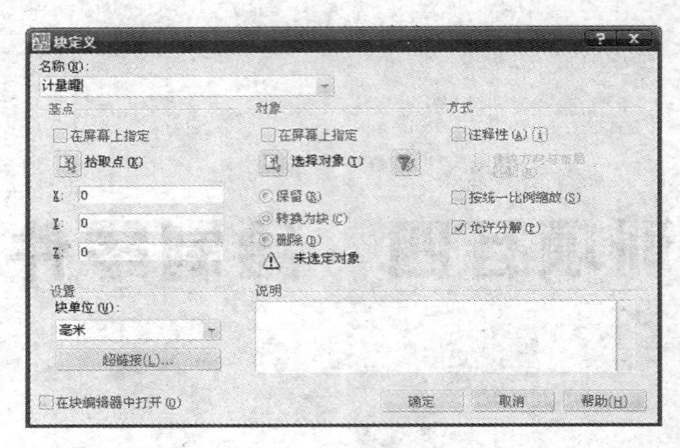

图 4-1 “块定义”对话框

“对象”选项组：要创建成图块的图形元素，如表面粗糙度符号，如图 4-2 所示。“保留”、“转换为块”及“删除”单选按钮则分别表示在形成图块以后，原对象不变、变为块、被删除三种情况。

$\sqrt{Ra\ 1.6}$

图 4-2 创建内部图块示例

“方式”、“设置”选项组可以按默认的不变。

“在块编辑器中打开”复选框，用于在创建块后，是否立即打开块编辑器，对块的定义进行编辑。

最后单击“确定”按钮，完成创建操作。

2. 外部图块的创建

- 命令行：输入“WBLOCK”命令。

输入命令后，弹出“写块”对话框，如图 4-3 所示。

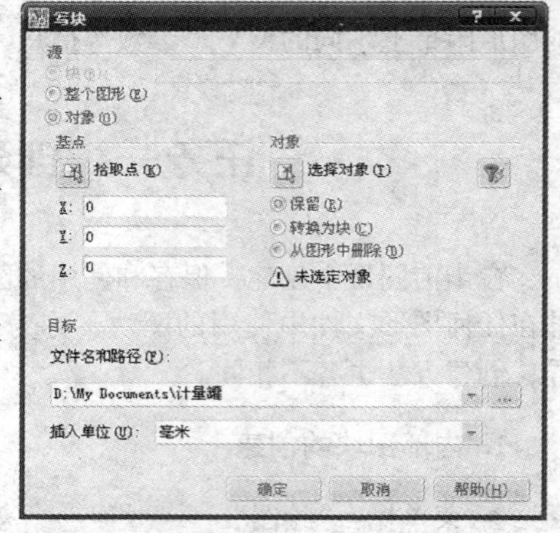

图 4-3 “写块”对话框

“源”选项组：由“块”、“整个图形”和“对象”三个单选按钮组成，用于确定组成块的来源。

“基点”和“对象”选项组：当“源”为“对象”时有效，与内部图块创建相同。

“目标”选项组：因外部图块是独立的文件，与内部图块“名称”对应的是“文件名和路径”，其余选项卡与“块定义”相同。

3. 插入图块

将已经创建的图块插入图形的操作，包括内部图块插入当前图形，以及外部图块插入任意图形。

- 菜单栏：“插入”→“块”。
- 工具栏：单击“插入块”按钮。
- 命令行：输入“INSERT”命令。

输入命令后，弹出“插入”对话框，如图 4-4 所示。

各选项卡功能如下。

“名称”：可在下拉列表框选中内部图块，也可以通过点击“浏览”，在“选择图形文件”对话框中选择需要的外部图块。

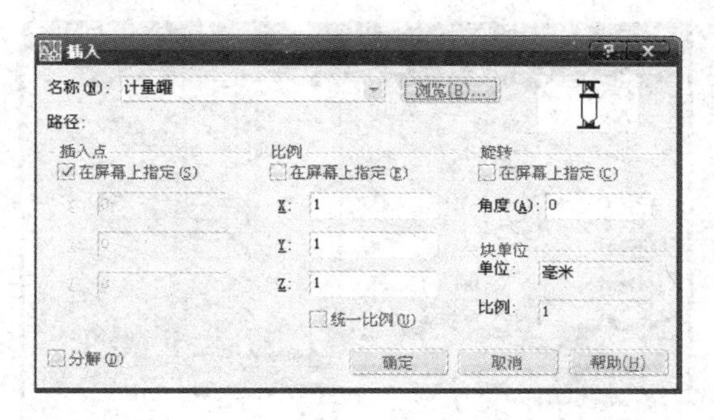

图 4-4　“插入”对话框

“插入点”、“缩放比例”和“旋转”，既可以在文本框输入数值，也可以选择复选框“在屏幕上指定”。“缩放比例”一般少有变化，多选择在文本框输入数值；而“插入点”和“旋转”则更多采用“在屏幕上指定”，这样更加灵活、便捷。

4. 图块属性

图块属性是附加在图块上的文字信息。在插入图块时，输入不同的文字信息可以是相同的图块表达不同的信息，如表面粗糙度符号就是利用图块属性进行设置。如图 4-5 所示。

Ra 1.6

图 4-5　表面粗糙度图块

(1) 表面粗糙度图块的设置和编辑

设置图块属性：“绘图”→“块”→“定义属性”。弹出“属性定义”对话框→“属性”选项组中，“标记”文本框输入“ccd”，“提示”文本框输入“CD”，“值”文本框输入“1.6”→单击“插入点”按钮，在表面粗糙度符号处插入，“文字选项”选项组中，“对正”选择正中，“文字样式”选择数字“高度”选择“3.5”，“旋转”选择“0”，单击“确定”按钮。

单击“创建块”按钮，弹出“块定义”对话框→“名称”选项组中输入“粗糙度”→“插入点”：选择粗糙度符号下顶点→“选择对象”：选择粗糙度符号及属性标记→单击“确定”按钮→弹出“编辑属性”对话框（是否更改预设属性值），单击“确定”按钮。

(2) 插入和编辑图块

表面粗糙度图块的编辑如图 4-6 所示。

Ra 1.6　　Ra 3.2

图 4-6　表面粗糙度图块编辑

任务二　公差的标注

零件图上，配合部位尺寸一般需标注公差。由于尺寸公差一般不一样，所以，需通过替代样式来实现。

1. 尺寸公差标注

标注尺寸公差的方法有两种。

方法一：单击“标注”→样式，弹出“标注样式管理器”对话框，单击“替代”按钮，弹出“替代当前样式：ISO-25”对话框。选择“公差”选项卡，对“公差格式”进行设置。如图 4-7 所示。

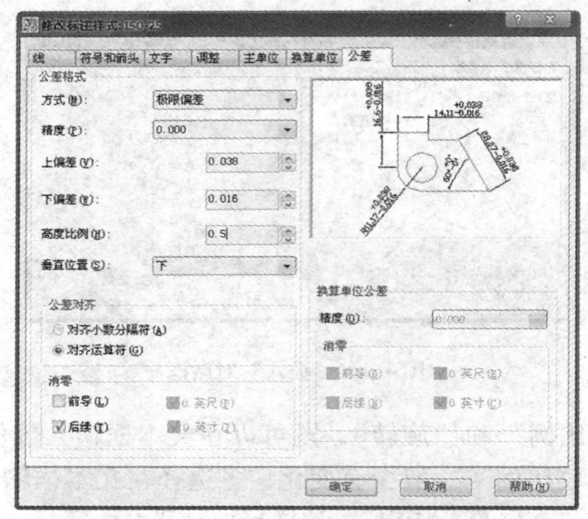

图 4-7 “公差”选项卡

“方式”下拉列表框：可供选择的有“无”、“对称”、“极限偏差”、“极限尺寸”和“基本尺寸”五种，一般选择“极限偏差”。“精度”下拉列表框：一般选择“0.000”，“上偏差”、“下偏差”：按实际偏差值输入。“高度比例”文本框：如果为“对称”，设为“1”；如果为“极限偏差”，一般应设为“0.5”。“垂直位置”下拉列表框：“上”、“中”、“下”三种，一般选择“下”。不同的公差，分别设置标注。公差全部标注完后，需要将“方式”还原为“无”。如图 4-8 所示。

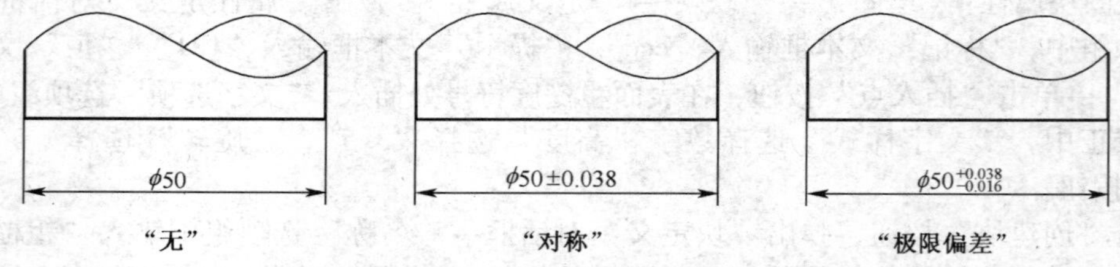

图 4-8 尺寸公差标注示例 1

方法二：在标注“线性尺寸”时，将字符“^”放在文字之间，然后将其和文字都选中。单击“堆叠”按钮，即可将所选文字修改为尺寸公差形式。如图 4-9 所示。

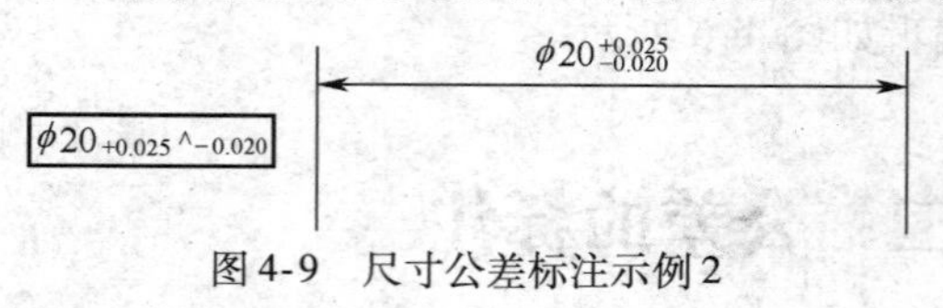

图 4-9 尺寸公差标注示例 2

2. 配合公差标注

在标注“线性尺寸”时，将字符“/”连接分子与分母，选择分数文字，单击“堆叠”按钮，即可修改为配合公差形式。如图 4-10 所示。

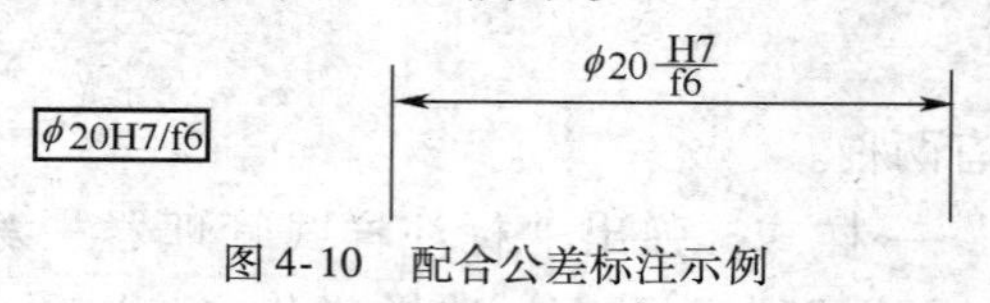

图 4-10 配合公差标注示例

3. 标注形位公差

打开“形位公差”对话框的方法有如下几种。

- 工具栏：点击“公差”按钮。
- 菜单栏：“标注”→“公差”。
- 命令行：输入“TOLERANCE”命令。

输入命令后，弹出“形位公差”对话框，如图4-11所示。

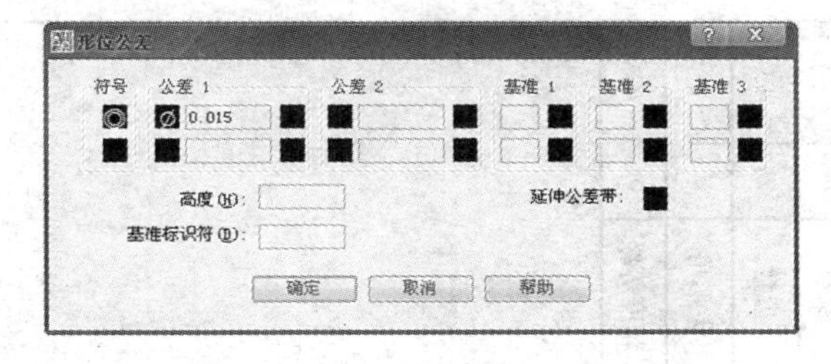

图4-11　“形位公差”对话框

各选项功能如下。

①“符号”选项组：单击符号栏小方框，弹出“符号”对话框，如图4-12所示。单击选取合适符号后，返回“形位公差”对话框。

②“公差”选项组：第一个小方框，确定是否加直径“ϕ”符号；第二个小方框，输入公差值；第三个小方框，确定附加条件，单击它，弹出“附加条件”对话框，如图4-13所示。

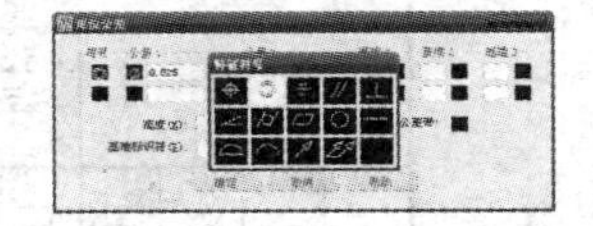

图4-12　“符号”对话框

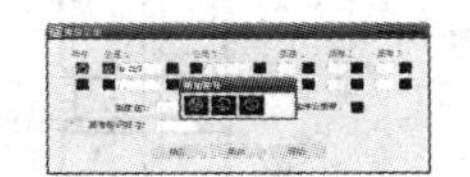

图4-13　“附加条件”对话框

③“基准1/2/3”选项组：第一个小方框，设置基准符号；第二个小方框，确定附加条件。

④“高度”文本框：设置公差的高度。

⑤“基准标识符”文本框：设置基准标识符。

⑥“投影公差带”复选框：确定是否在公差的后面加上投影公差符号。

设置后，单击“确定”按钮，退出“形位公差”对话框，指定插入公差的位置，完成公差标注。

小　结

【绘制零件图的步骤及要求】

① 绘图前看懂图样，设定环境（如：绘图界限、图层、线型、颜色等）。

② 注意绘图步骤和方法，从中总结自己的方法。

③ 熟悉常用的绘图命令、修改命令的方法及其各项的含义。

④ 掌握尺寸标注中各种参数的设定（要符合国家标准规定）；熟练掌握公差与配合及形位公差的标注方法。

⑤ 熟悉文字注释中各种命令的使用方式及使用的条件，为今后熟练使用文字注释打下好的基础。

⑥ 绘制完成后附名存盘，退出 AutoCAD。

图例练习

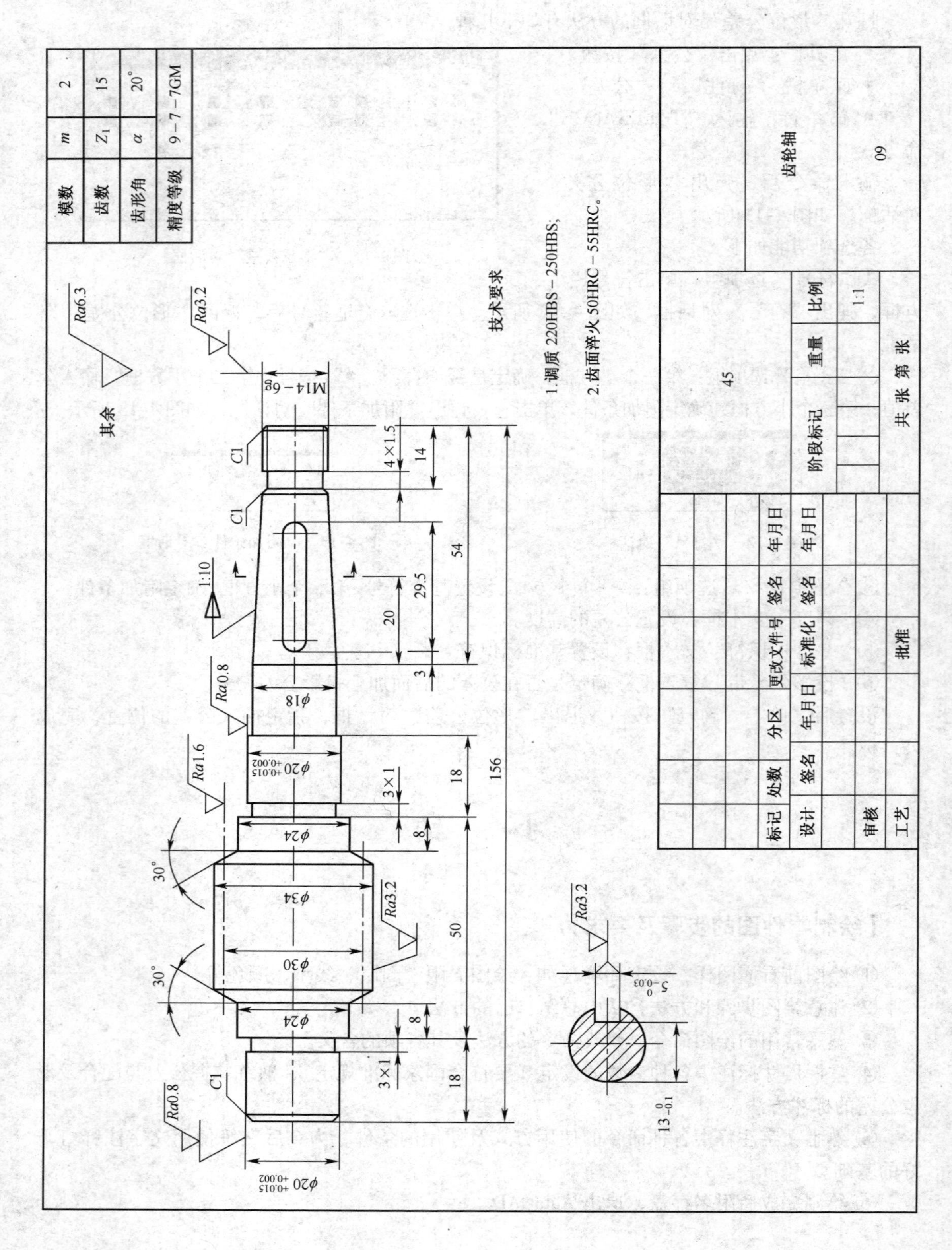

模数 m 2
齿数 Z_1 15
齿形角 α 20°
精度等级 9-7-7GM
其余 Ra6.3
技术要求
1.调质 220HBS-250HBS;
2.齿面淬火 50HRC-55HRC。
M14-6g
4×1.5
14
54
29.5
20
3
1:10
φ18
φ20 +0.015 +0.002
3×1
18
156
φ24
φ34
φ30
50
8
30°
C1
Ra0.8
Ra1.6
Ra3.2
5 0 -0.03
13 0 -0.1
45
齿轮轴
标记 处数 分区 更改文件号 签名 年月日
设计 签名 年月日 标准化 签名 年月日
阶段标记 重量 比例
1:1
审核
工艺 批准
共 张 第 张
09

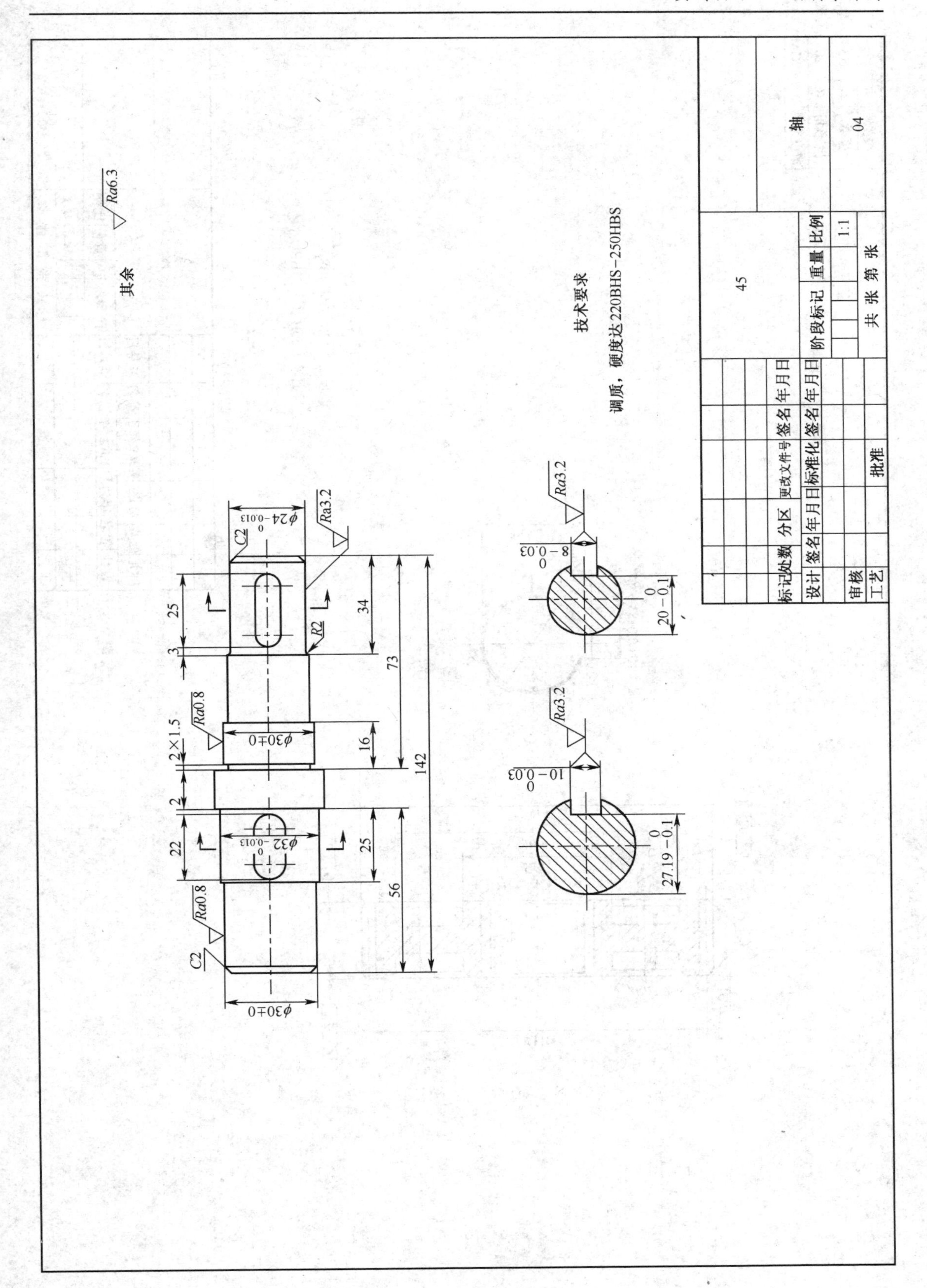
其余 Ra6.3
技术要求
调质，硬度达220BHS-250HBS
轴
45
04
1:1
标记 处数 分区 更改文件号 签名 年月日
设计 签名 年月日 标准化 签名 年月日
审核
工艺
批准
阶段标记 重量 比例
共 张 第 张
C2
Ra3.2
Ra0.8
R2
2×1.5
142
73
56
34
25
22
16
3
2
20-0.1
27.19-0.1

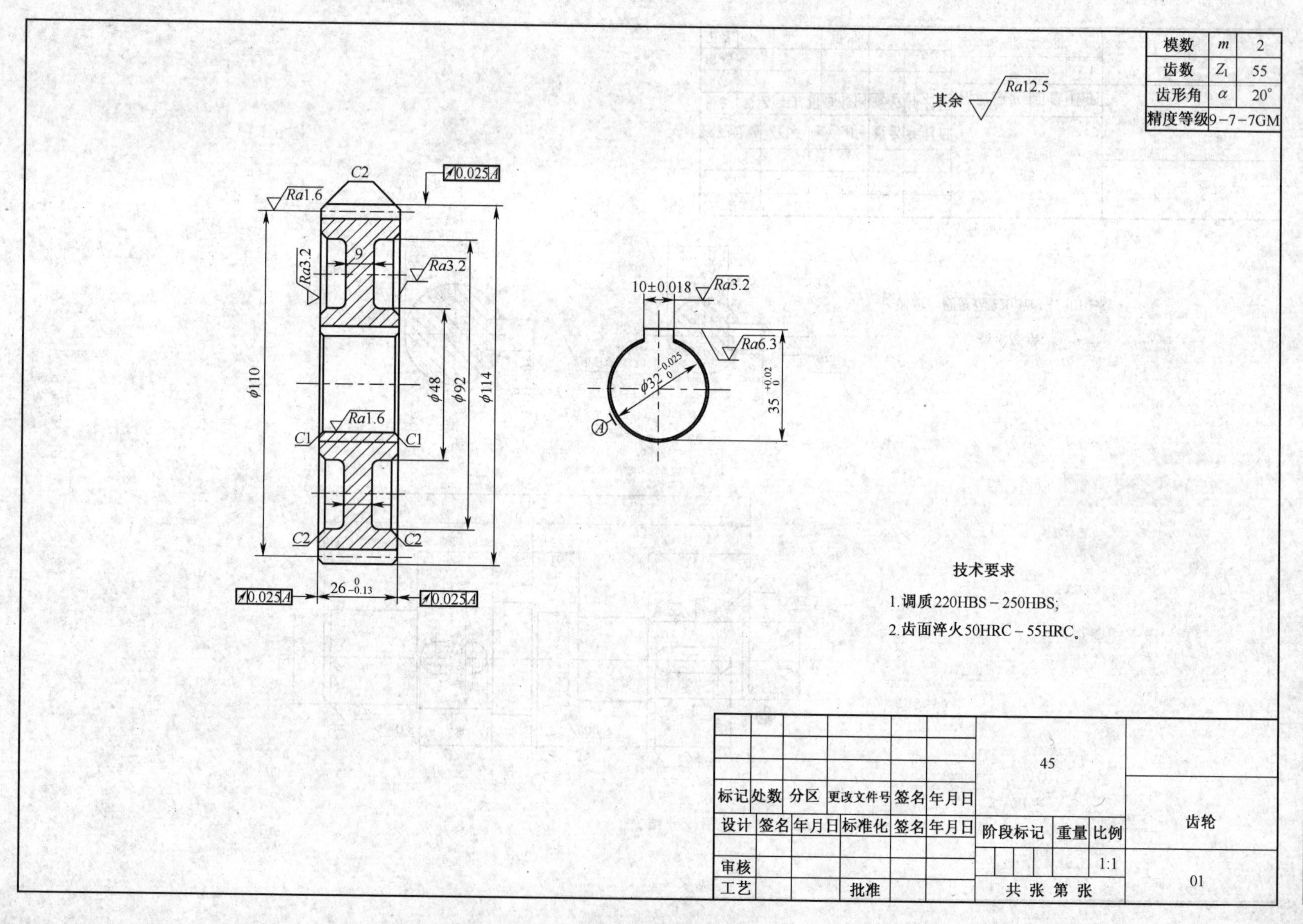

模数 m 2
齿数 Z1 55
齿形角 α 20°
精度等级 9－7－7GM
其余 Ra12.5
C2
0.025 A
Ra1.6
Ra3.2
9
φ110
φ48
φ92
φ114
C1
C2
26 0 -0.13
10±0.018
Ra6.3
φ32 -0.025 0
35 +0.02 0
A
技术要求
1.调质220HBS－250HBS;
2.齿面淬火50HRC－55HRC。
45
标记 处数 分区 更改文件号 签名 年月日
设计 签名 年月日 标准化 签名 年月日
阶段标记 重量 比例
齿轮
审核
1:1
工艺 批准
共 张 第 张
01

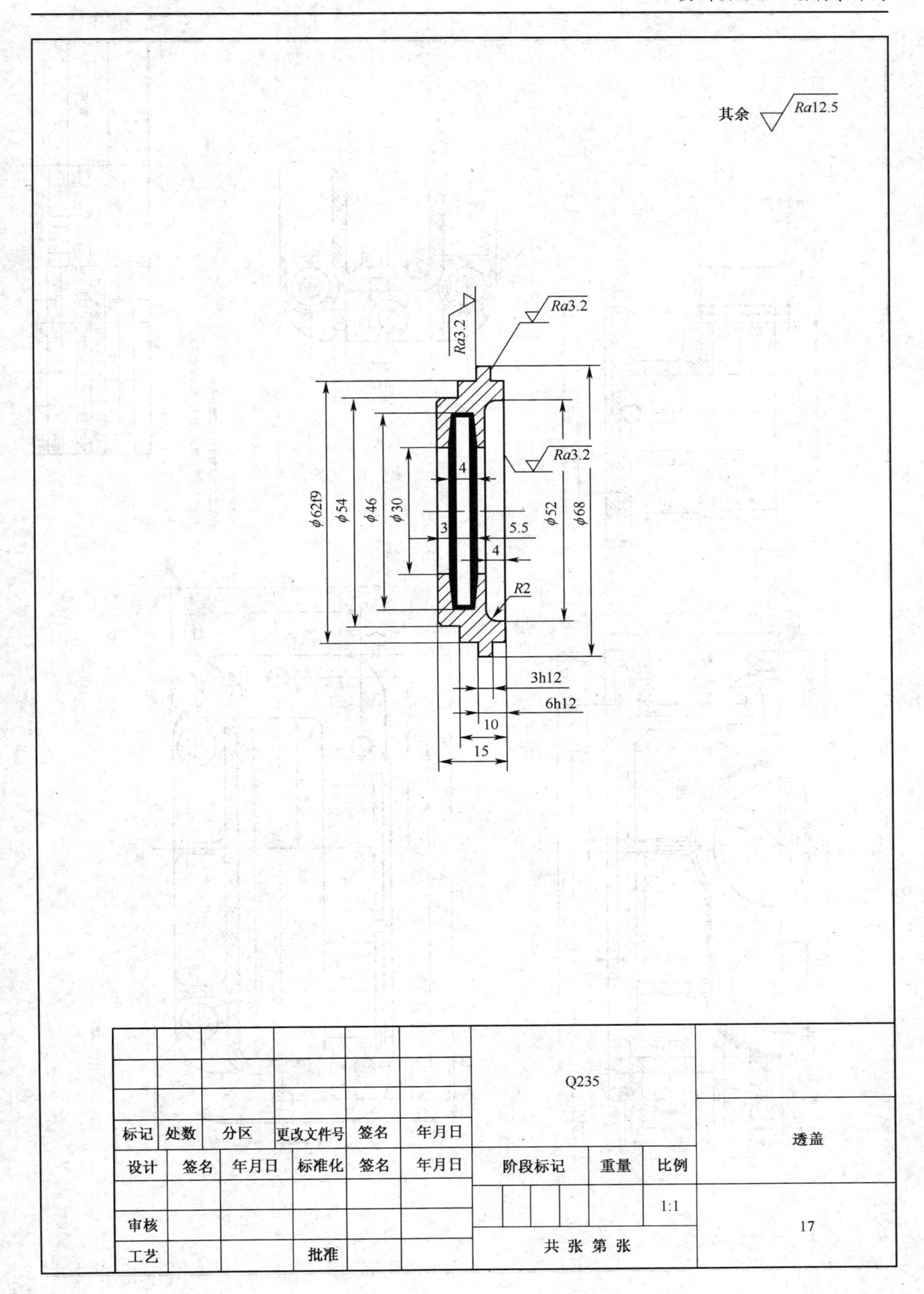
其余 Ra12.5
Ra3.2
Ra3.2
Ra3.2
φ62f9
φ54
φ46
φ30
4
3
5.5
4
R2
φ52
φ68
3h12
6h12
10
15
Q235
标记 处数 分区 更改文件号 签名 年月日
设计 签名 年月日 标准化 签名 年月日
阶段标记 重量 比例
1:1
审核
工艺 批准
共 张 第 张
透盖
17

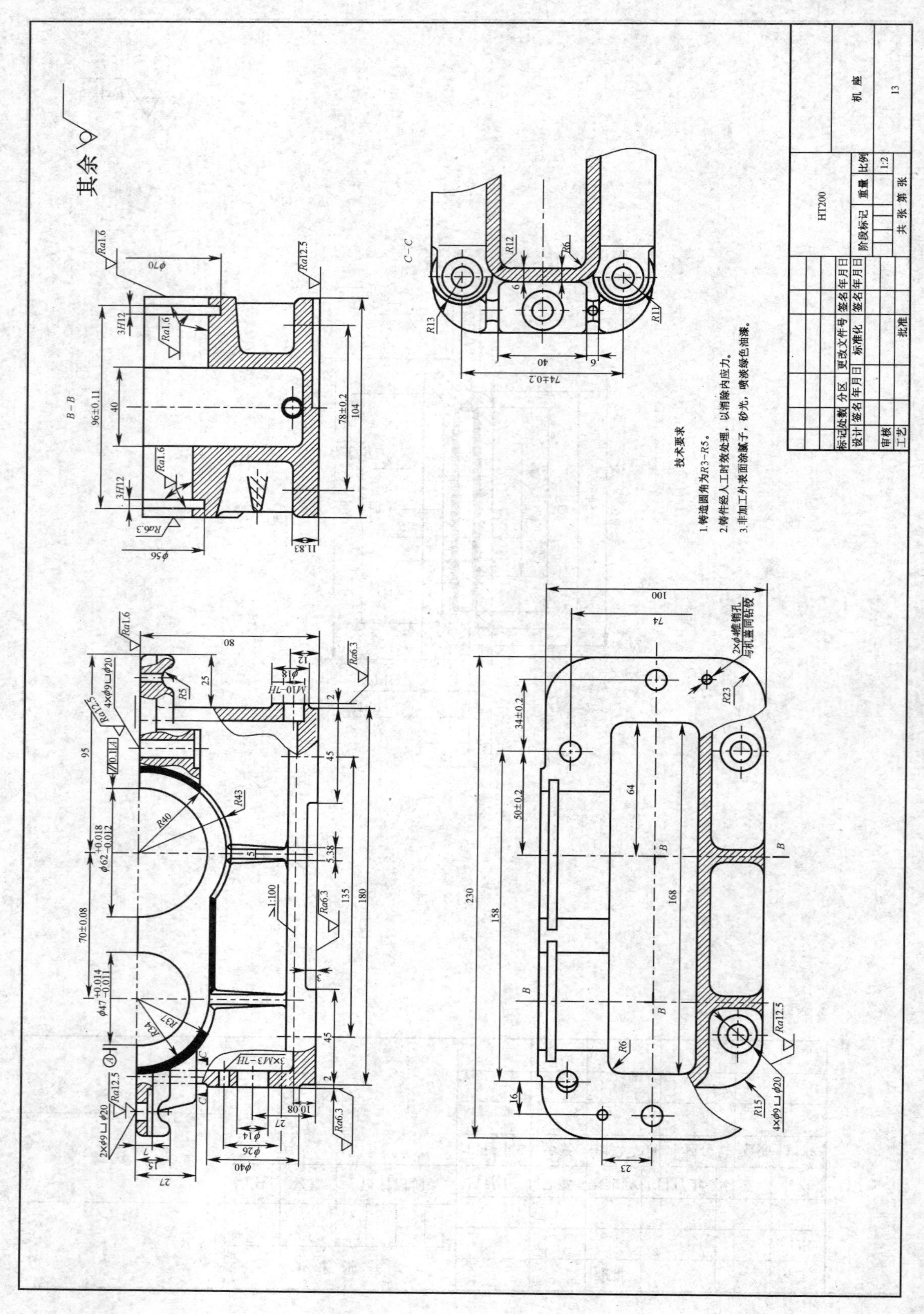
其余
B—B
C—C
技术要求
1.铸造圆角为R3~R5。
2.铸件经人工时效处理，以消除内应力。
3.非加工外表面涂腻子，砂光，喷淡绿色油漆。
2×φ锥销孔
与机盖同钻铰
HT200
机座
1:2
13
标记处数 分区 更改文件号 签名 年月日
设计 签名 年月日 标准化 签名 年月日
阶段标记 重量 比例
审核
工艺
批准
共 张 第 张

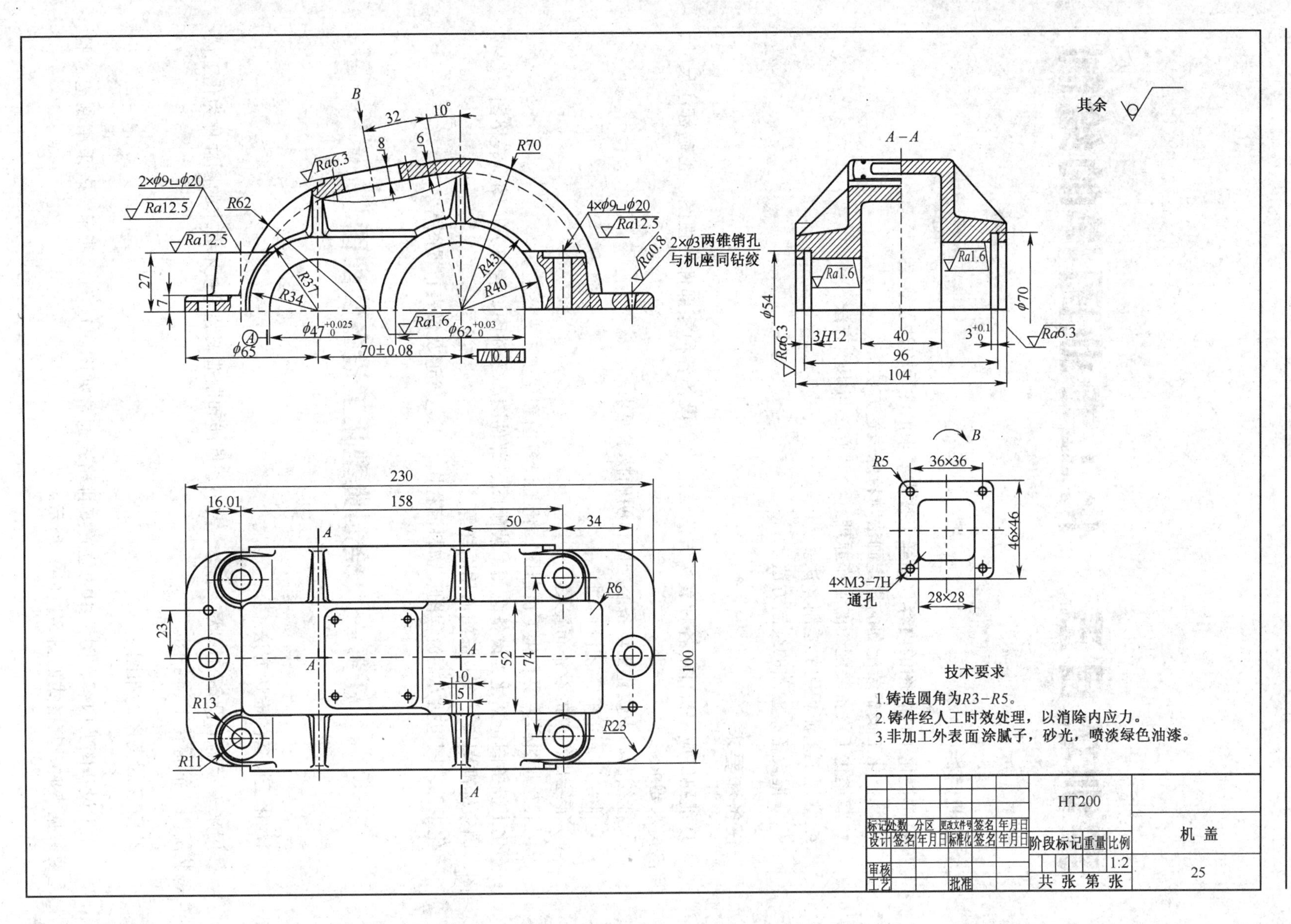
其余
A−A
B
2×φ3两锥销孔
与机座同钻铰
4×M3−7H
通孔
技术要求
1.铸造圆角为R3−R5。
2.铸件经人工时效处理，以消除内应力。
3.非加工外表面涂腻子，砂光，喷淡绿色油漆。
HT200
机盖
标记
处数
分区
更改文件号
签名
年月日
设计
标准化
阶段标记
重量
比例
1:2
25
审核
工艺
批准
共　张　第　张

实训项目五　化工专业图样的绘制

实训目标

- 掌握化工设备图的内容、图样上技术要求的注写方法及含义。
- 掌握化工设备装配图的规定画法与特殊表达方法。
- 掌握化工设备装配图的工作原理、绘制方法与识读方法。
- 掌握工艺流程图的绘制方法。
- 掌握设备布置图的绘制方法。

任务和要求

① 能熟练应用机件的各种表达方法绘制化工设备各种零部件的视图，正确标注尺寸，写出技术要求。

② 能绘制和识读化工设备装配图，明确技术要求。

③ 能绘出简单的工艺流程图。

④ 能绘出简单的设备布置图。

化工专业图样主要有化工机器图、化工设备图和化工工艺图三大类。

化工设备图包括化工设备总图、装配图、部件图、零件图、管口方位图、表格图、焊接图、国家标准图样、企业部门通用图样等。

化工工艺图包括方案流程图、物料流程图、工艺管道及仪表布置图等。

任务一　绘制典型化工设备装配图

1. 化工设备的表达方法

用来表示化工设备的形状、结构、大小、性能和制造安装等技术要求的图样称为化工设备装配图，简称化工设备图。

2. 化工设备图的布图

化工设备图的内容在图幅中的位置安排格式通常如图 5-1（a）所示。若采用制造检验主要数据表时，其格式如图 5-1（b）所示。

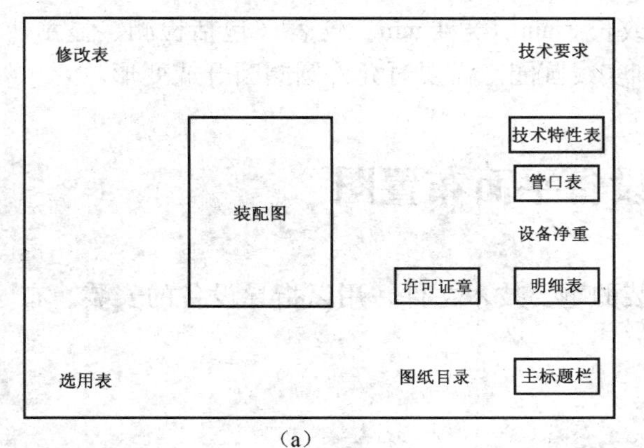

（a）

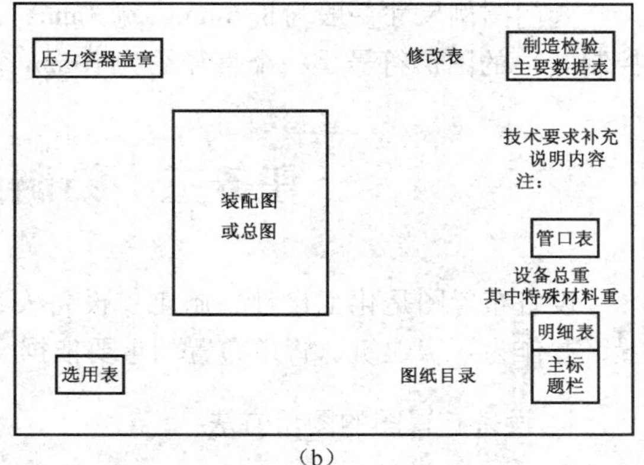

（b）

图 5-1　化工设备图的图面安排

3. 化工设备图的绘制比例

绘图比例一般应选用国家标准"机械制图"规定的比例，但根据化工设备的特点，还增加了1:6、1:15、1:30 等比例。化工设备图样的图纸幅面也应按国家标准《机械制图》的规定选用，根据设备特点，可允许选用加长 A2 等图幅。

任务二　绘制工艺流程图

用来表达化工生产过程与联系的图样，称为化工工艺图。它包括工艺流程图、设备布置图和管路布置图。在这里主要介绍带控制点的工艺流程图和设备布置图。

1. 工艺流程图中的设备的画法

用细实线画出设备的大致轮廓线或示意图，一般不按比例，但应保持其相对大小。各设备间的高低位置及设备上重要的接管口的位置要大致符合实际情况。各设备间应留有适当距离以布置流程线。

2. 工艺流程线的画法

用粗实线绘出主要物料的工艺流程线，工艺流程线应全部绘制成水平或垂直线，如遇到流程线间或流程线与设备间交错或重叠而实际并不相连时，应将相对重要的流程线保留，相对辅助流程线断开，以使各设备间流程线的表达清晰明了排列整齐。

3. 工艺流程图的内容

① 带设备位号、名称和接管口的各种设备示意图。
② 带管道号、规格和阀门等管件的各种管道流程线。
③ 阀门、带标记的各种仪表控制点的各种图形符号。
④ 对阀门、管件和仪表控制点图例的说明。
⑤ 标题栏：注写图名图号和签名等。
图幅一般采用 A1 图幅，特别简单的采用 A2 图幅，不宜加长和加宽。

阀门图例尺寸一般为长 6mm、宽 3mm，或长 8mm、宽 4 mm。仪表（包括检测、显示、控制等）的图形符号是一个直径约为 10mm 细实线圆圈。需要时允许圆圈断开或变形。

任务三　绘制设备平面布置图

设备布置图是化工设计、施工、设备安装的重要技术文件，用以指导设备的安装、布置，并作为厂房建筑、管道布置的重要依据。

1. 设备布置图的图示方法

设备布置图一般采用 A1 图幅，不宜加长加宽，常用比例为 1∶100、1∶200 或 1∶50，包括一组平面图和剖面图。

① 平面图是用来表示厂房内外设备布置情况的水平剖视图，绘制设备布置平面图时，几层平面图可绘制在一张图样上，也可单独绘制。在同一张图纸上绘制几层平面布置图时，应从最底层平面开始，将几层平面布置图按由上到下或由左至右顺序排列，并在图形的下方注明相应的标高，如 EL95. 000 平面、EL105. 000 平面等。

② 剖面图用以表达设备沿高度方向的安装布置情况，设备按剖面图绘制。剖切位置在平面图上加以标注，标注方法按《机械制图》规定标注，把相应的剖面图名称标明在剖面图下方。剖面图可与平面图绘在一张图纸上，也可分张绘制。

2. 视图的表示法

用粗实线绘制带特征管口的设备外形轮廓，中粗线绘制设备支架及其安装基础，如机泵可用粗实线，且只画出基础外形。

3. 设备布置图的标注与尺寸

① 设备布置图中一般不标注决定设备大小的定形尺寸，只标注决定设备位置的定位尺寸。定位时，一般选用建筑定位轴线作为尺寸基准。

设备平面定位尺寸的标注原则如下。

a. 卧式容器定位尺寸以容器的中心线和靠近柱轴线一端的支座为基准，如图 5-2（a）所示。

b. 立式反应器、塔、槽、罐和换热器定位尺寸以中心线为基准，如图 5-2（b）所示。

c. 卧式换热器定位尺寸以换热器的中心线和靠近柱轴线一端的支座为基准，如图 5-2（c）所示。

d. 板式换热器定位尺寸以中心线和某出口法兰端面为基准，如图 5-2（d）所示。

e. 泵以中心线和出口法兰中心线为基准，如图 5-2（d）所示。

f. 压缩机以制造厂的基准线和出口法兰中心线为基准，如图 5-2（e）所示。

g. 往复式泵和压缩机的定位尺寸以中心线和管口法兰的中心线以及端面为基准。

② 高度方向的定位尺寸：标注设备高度，一般以厂房室内地面为基准。

③ 设备标高的表示方法如下。

a. 卧式换热器、卧式槽罐以中心线标高表示。

b. 立式换热器、板式换热器以支撑点标高表示。

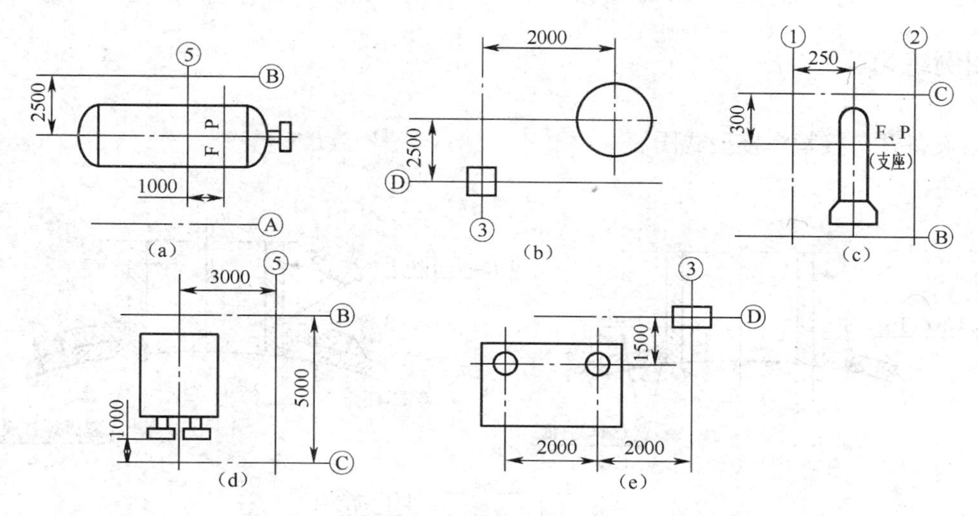

图 5-2　设备平面定位尺寸的标注

c. 反应器、塔和立式槽罐以支撑点标高或下封头切线焊缝标高表示。

d. 泵和压缩机以底板高即基础顶面标高表示。

e. 特殊设备，有支耳的以支撑点标高表示。无支耳的卧式设备以中心线标高表示。无支耳的立式设备以某一管口的中心标高表示。如图 5-3 所示。

4. 方向标

在设备布置图右上角应画出表示设备安装北向的标志，称为方向标。符号由直径 20mm 的粗线圆和水平、垂直两条细点画线组成，分别注以 0°、90°、180°、270°，以箭头表示北向（用 N 表示），如图 5-4 所示。

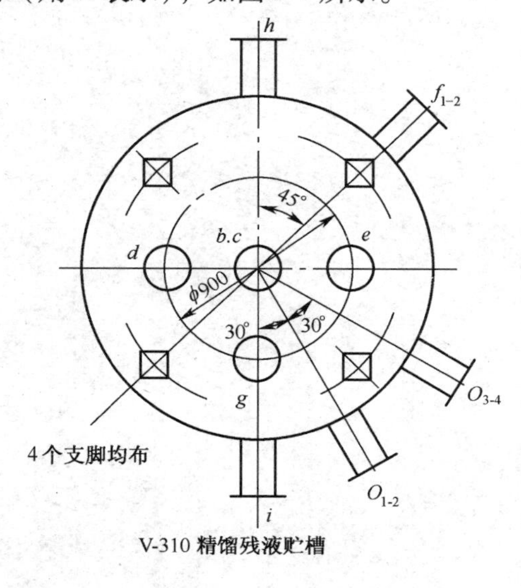

图 5-3　管口方位图

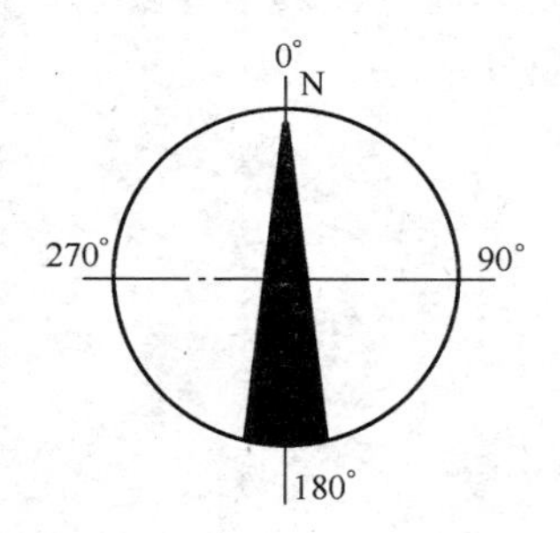

图 5-4　方向标示意图

设备布置图上应将设备的位号、名称、规格、图号等在标题栏的上方列表说明，也可单独列表在设计文件中。

图例练习

1. 设备开口接管焊接型式图

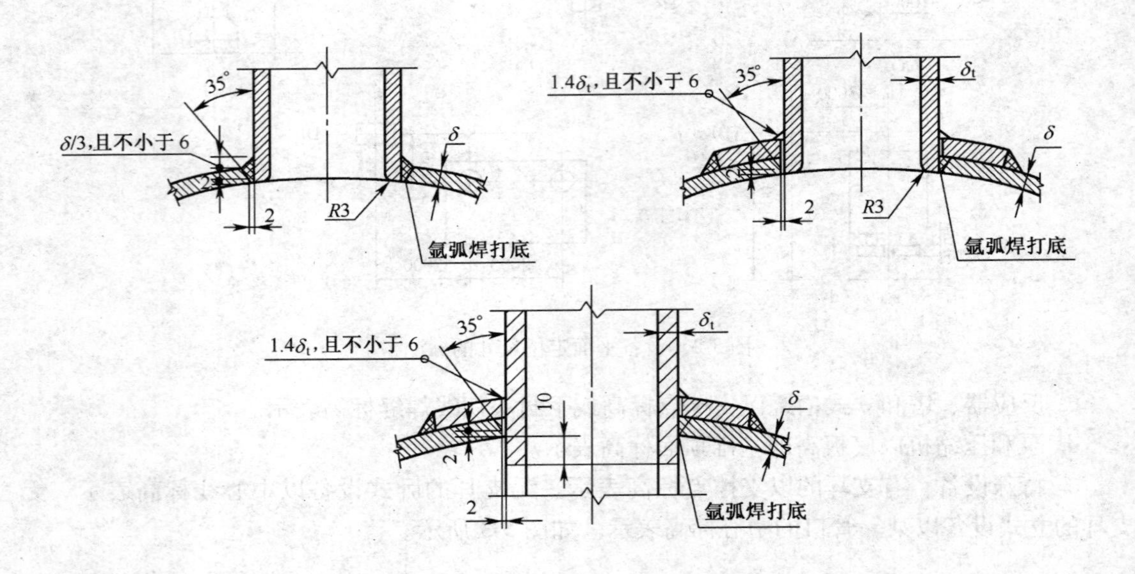

2. 化工设备的装配图及零件图（见附图 a）

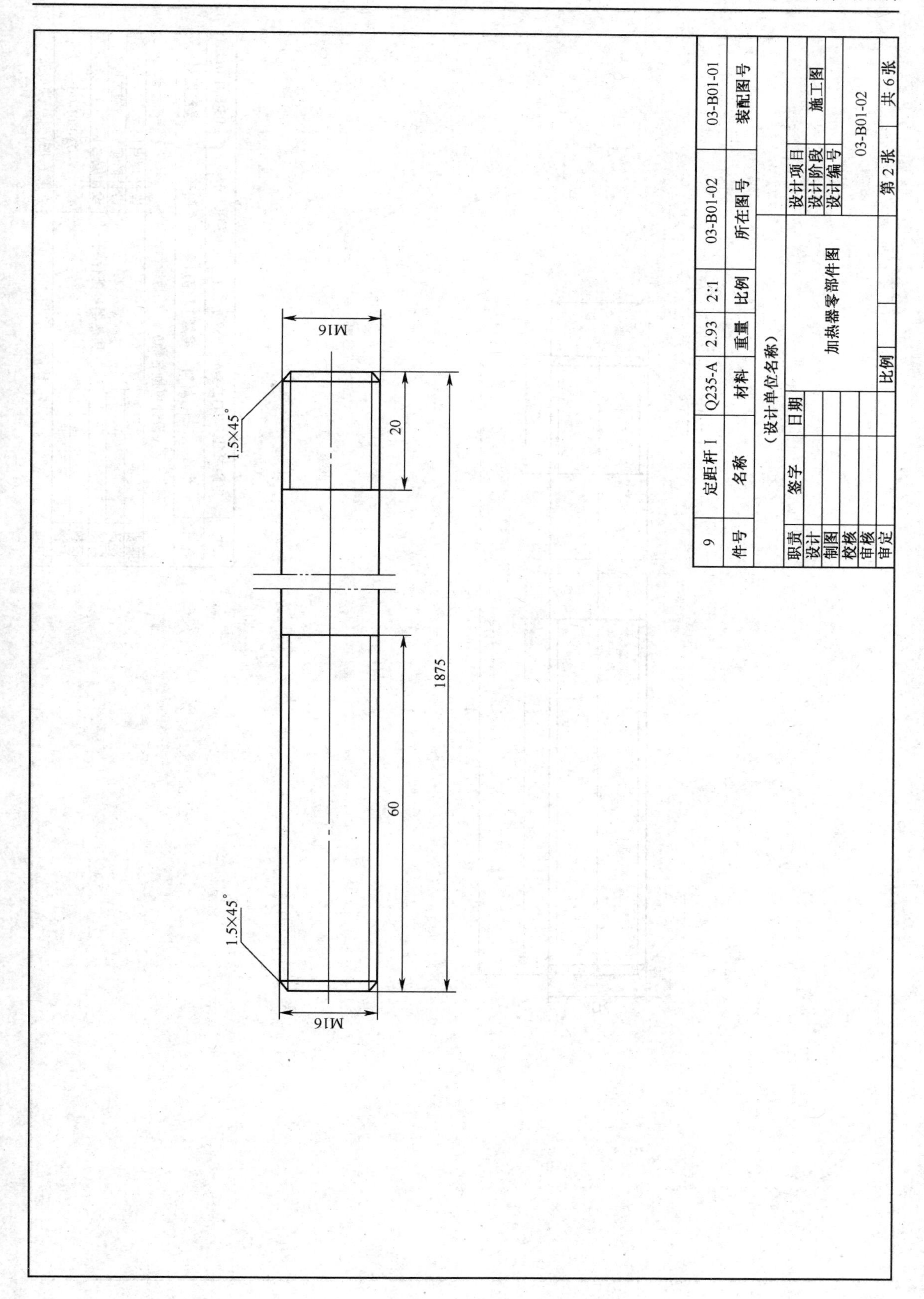
M16
1.5×45°
20
1875
60
1.5×45°
M16
9
定距杆Ⅰ
Q235-A
2.93
2:1
03-B01-02
03-B01-01
件号
名称
材料
重量
比例
所在图号
装配图号
（设计单位名称）
职责
签字
日期
设计
制图
校核
审核
审定
加热器零部件图
比例
设计项目
设计阶段
施工图
设计编号
03-B01-02
第2张
共6张

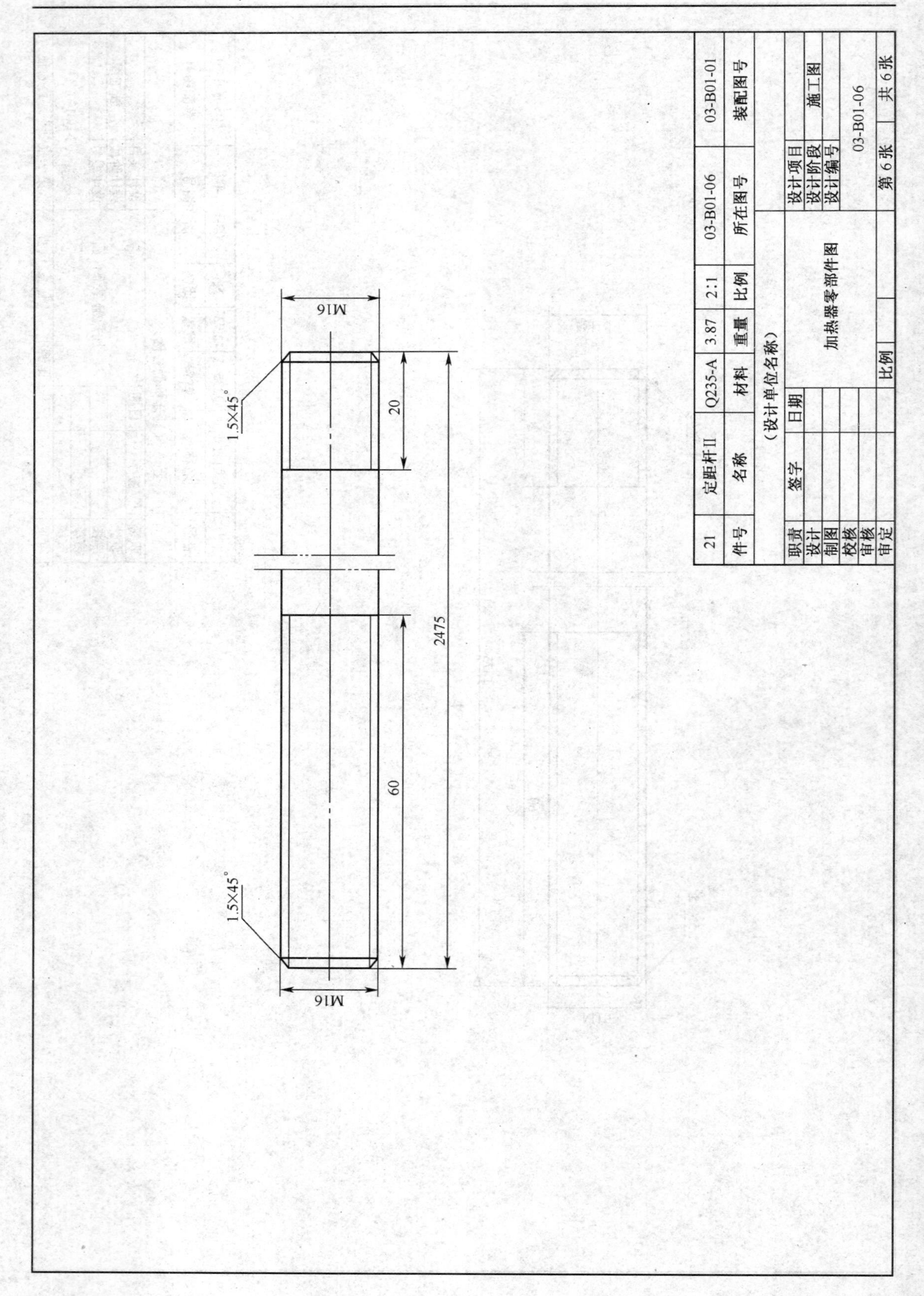
M16
1.5×45°
20
2475
60
1.5×45°
M16
21
定距杆Ⅱ
Q235-A
3.87
2:1
03-B01-06
03-B01-01
件号
名称
材料
重量
比例
所在图号
装配图号
（设计单位名称）
职责
签字
日期
设计
制图
校核
审核
审定
加热器零部件图
比例
设计项目
设计阶段
施工图
设计编号
03-B01-06
第6张
共6张

技术要求

1. 折流板应平整，平面度允差为 3mm；
2. 相邻两管的孔中心距偏差为 ±0.3mm，允许有 4% 相邻两孔中心距偏差为 ±0.5mm，任意两管孔中心距偏差为 ±1mm；
3. 钻孔后应除孔管周边的毛刺。

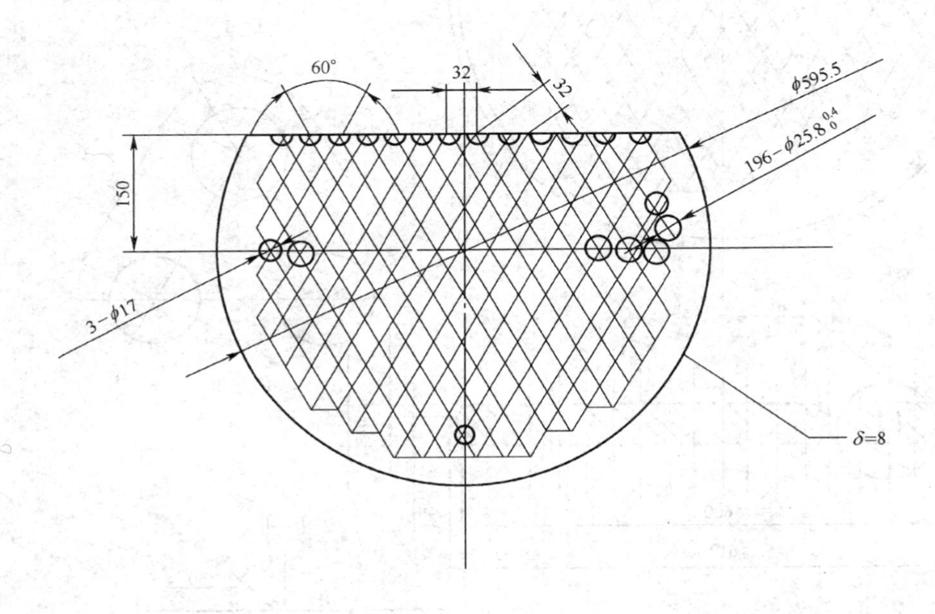

11	折流板	Q235−A	7.44	1:5	03−B01−03	03−B01−01
件号	名称	材料	重量	比例	所在图号	装配图号

（设计单位名称）				建滔（番禺南沙）石化有限公司	
职责	签字	日期	加热器零部件图	设计项目	煤造气项目
设计				设计阶段	施工图
制图				设计编号	
校核				03−B01−03	
审核					
审定			比例 1:10	第 3 张	共 6 张

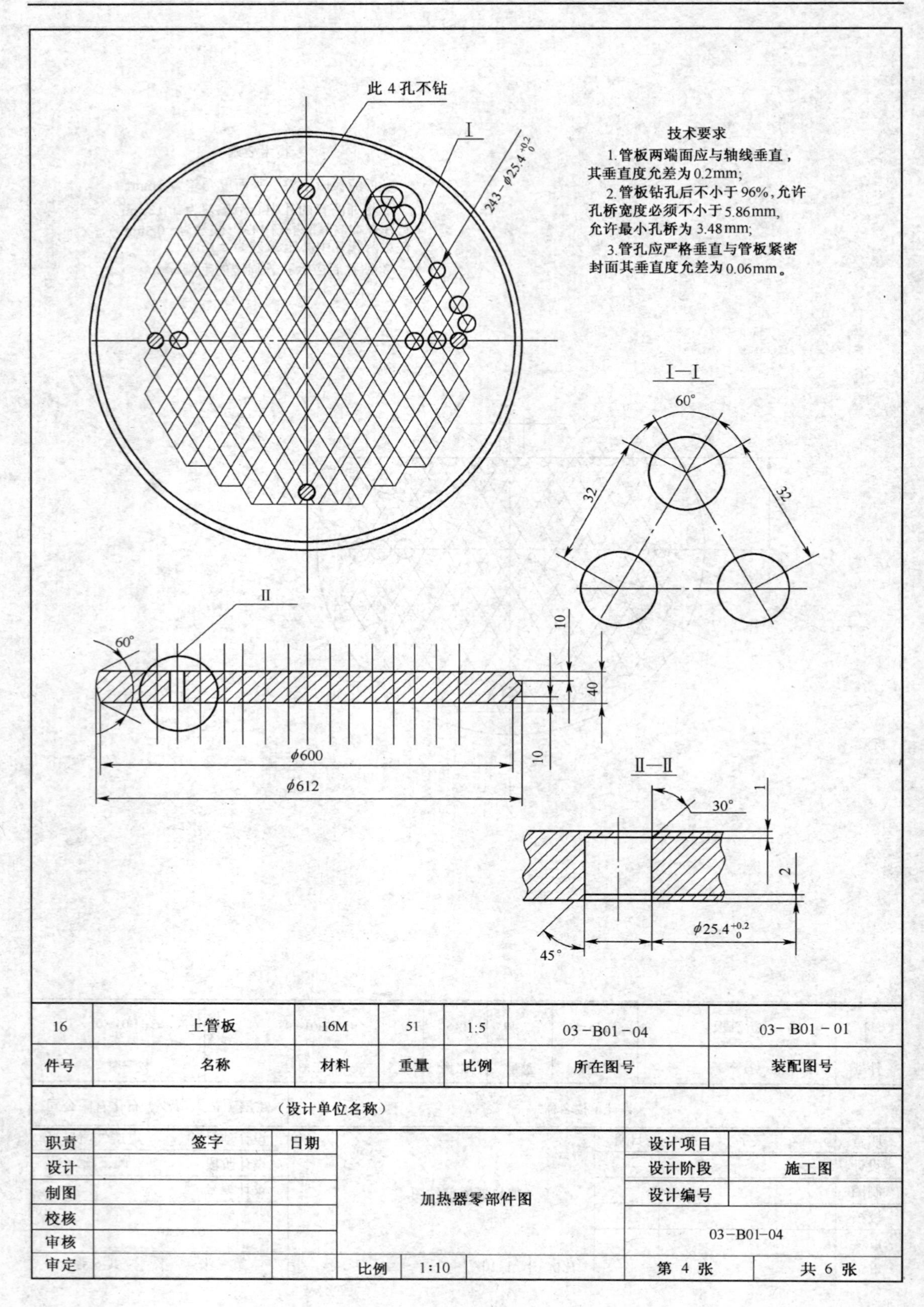

16	上管板	16M	51	1:5	03-B01-04	03-B01-01
件号	名称	材料	重量	比例	所在图号	装配图号

（设计单位名称）				
职责	签字	日期	加热器零部件图	设计项目	
设计				设计阶段	施工图
制图				设计编号	
校核				03-B01-04	
审核					
审定			比例 1:10	第 4 张	共 6 张

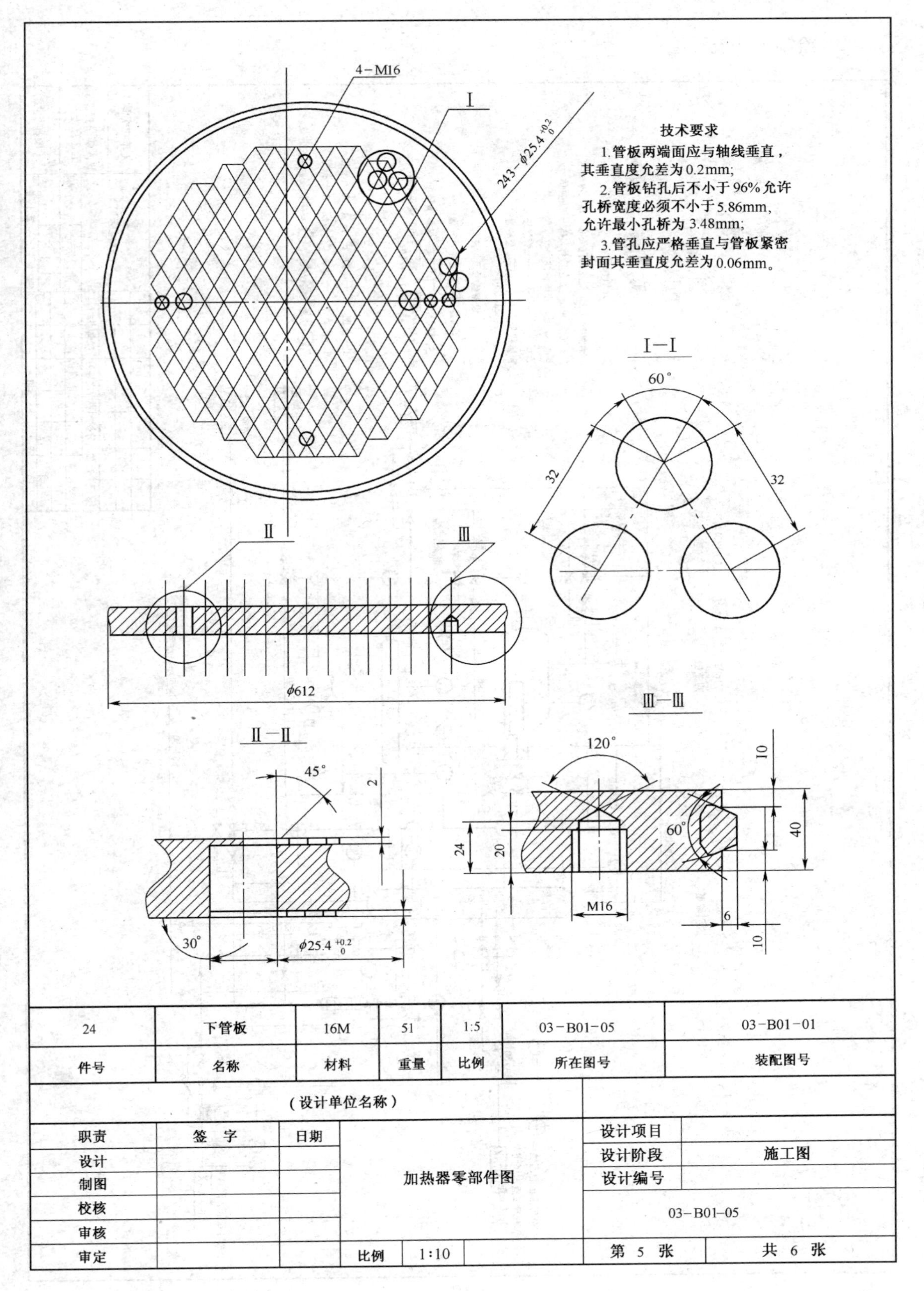
4−M16
I
243−φ25.4 +0.2 0
技术要求
1.管板两端面应与轴线垂直，其垂直度允差为0.2mm;
2.管板钻孔后不小于96%允许孔桥宽度必须不小于5.86mm,允许最小孔桥为3.48mm;
3.管孔应严格垂直与管板紧密封面其垂直度允差为0.06mm。
I−I
60°
32
32
Ⅱ
Ⅲ
φ612
Ⅲ−Ⅲ
120°
10
60°
40
24
20
M16
6
10
Ⅱ−Ⅱ
45°
2
30°
φ25.4 +0.2 0
24
下管板
16M
51
1:5
03−B01−05
03−B01−01
件号
名称
材料
重量
比例
所在图号
装配图号
（设计单位名称）
职责
签　字
日期
设计
制图
校核
审核
审定
加热器零部件图
设计项目
设计阶段
施工图
设计编号
03−B01−05
比例
1:10
第 5 张
共 6 张

3. 绘制工艺流程图

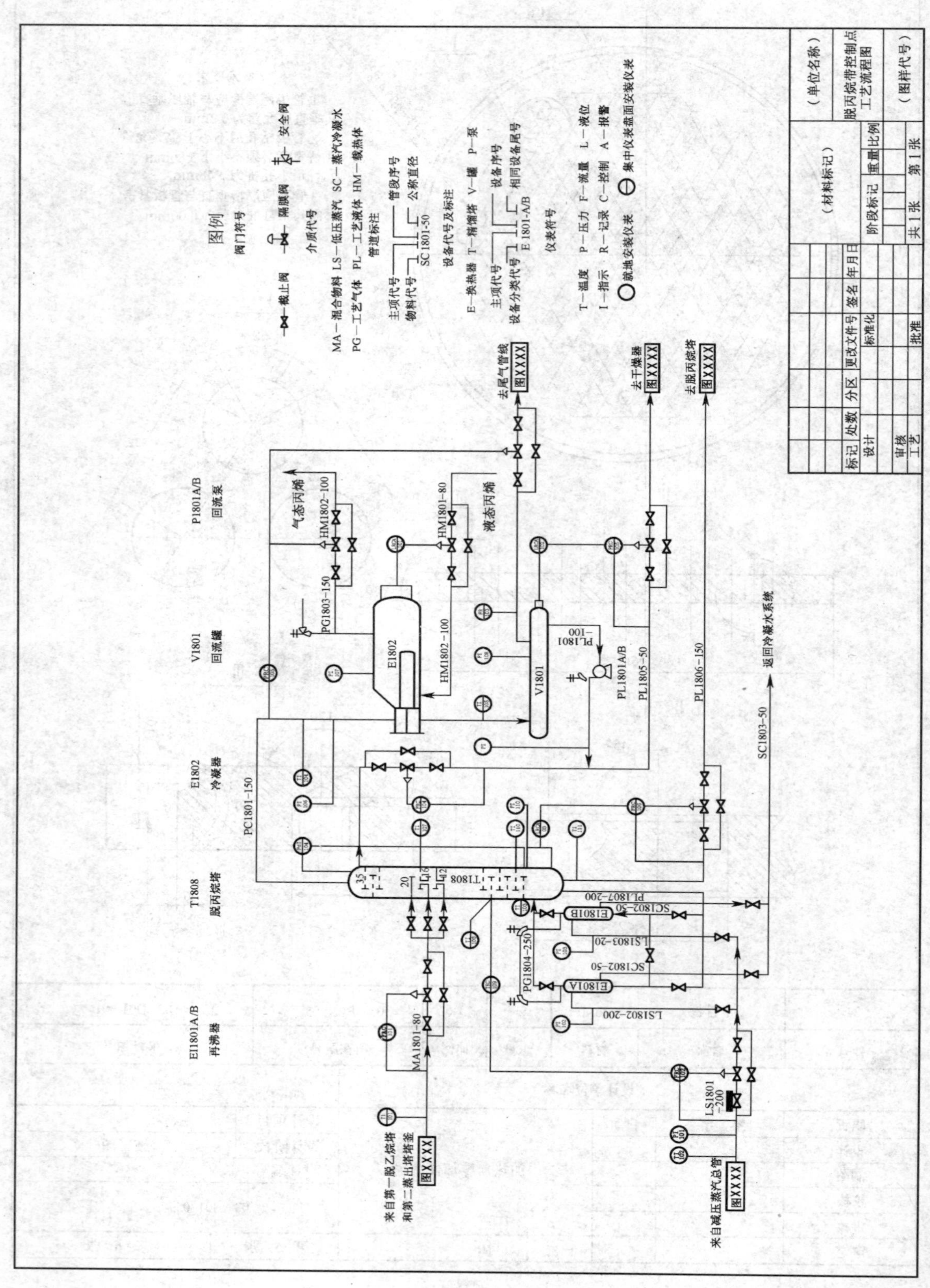

图例
阀门符号
截止阀
隔膜阀
安全阀
介质代号
MA—混合物料 LS—低压蒸汽 SC—蒸汽冷凝水
PG—工艺气体 PL—工艺液体 HM—载热体
管道标注
主项代号
物料代号
SC1801-50
管段序号
公称直径
设备代号及标注
E—换热器 T—精馏塔 V—罐 P—泵
主项代号
设备分类代号
E1801-A/B
设备序号
相同设备尾号
仪表符号
T—温度 P—压力 F—流量 L—液位
I—指示 R—记录 C—控制 A—报警
就地安装仪表
集中仪表盘面安装仪表
EI1801A/B
再沸器
T1808
脱丙烷塔
E1802
冷凝器
V1801
回流罐
P1801A/B
回流泵
来自第一脱乙烷塔
和第二蒸出塔塔釜
图XXXX
来自减压蒸汽总管
图XXXX
去尾气管线
图XXXX
去干燥器
图XXXX
去脱丙烷塔
图XXXX
返回冷凝水系统
气态丙烯
液态丙烯
MA1801-80
PC1801-150
PG1803-150
HM1802-100
HM1801-80
PL1801-100
PL1805-50
PL1806-150
SC1803-50
PL1807-200
SC1802-50
LS1803-20
PG1804-250
LS1802-200
LS1801-200
(单位名称)
脱丙烷带控制点工艺流程图
(图样代号)
(材料标记)
标记 处数 分区 更改文件号 签名 年月日
设计 标准化
阶段标记 重量 比例
审核
工艺 批准
共1张 第1张

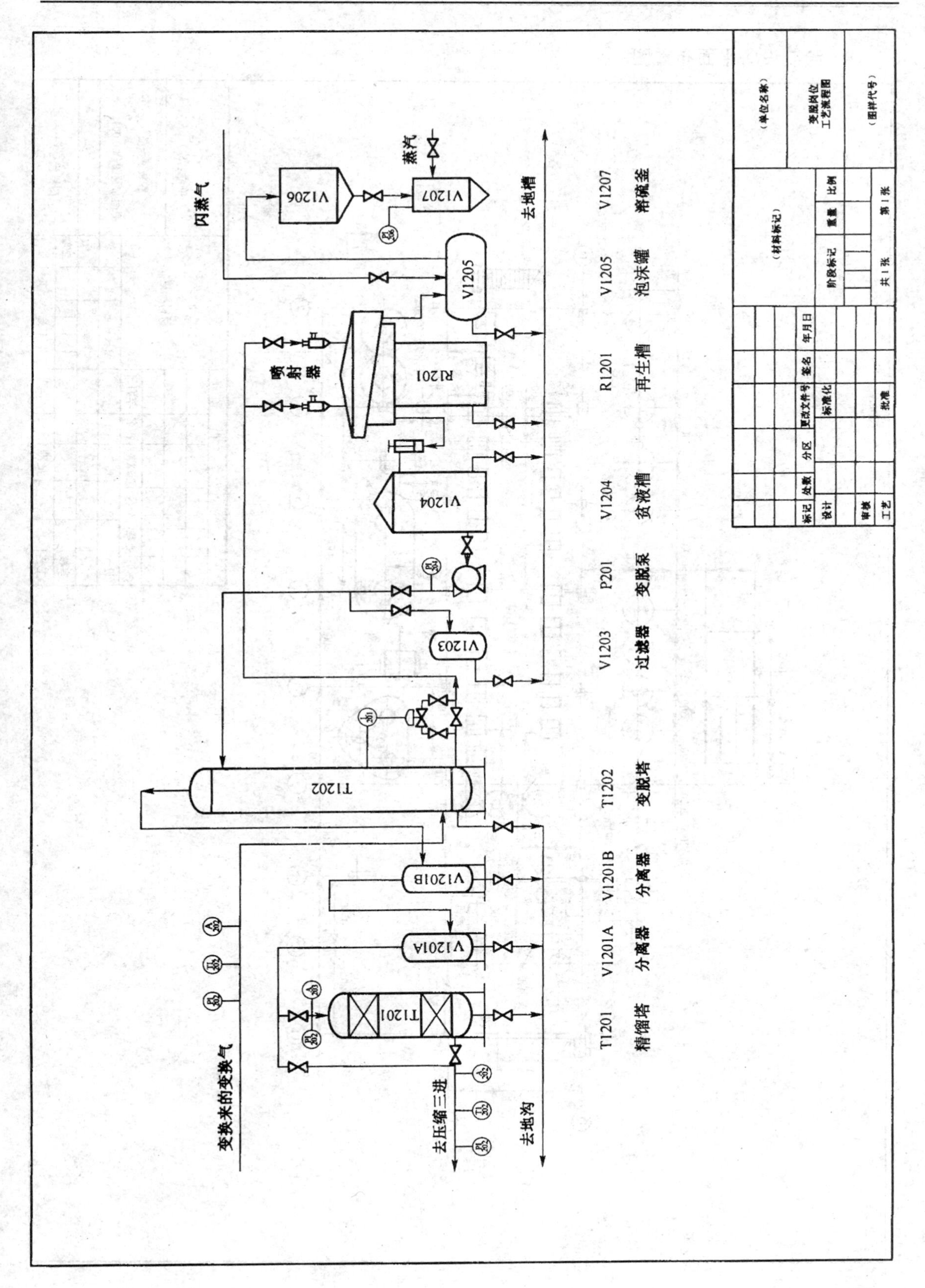

闪蒸气
蒸汽
V1206
V1207
去地槽
V1205
喷射器
R1201
V1204
V1203
T1202
V1201B
V1201A
T1201
变换来的变换气
去压缩三进
去地沟
T1201 精馏塔
V1201A 分离器
V1201B 分离器
T1202 变脱塔
V1203 过滤器
P201 变脱泵
V1204 贫液槽
R1201 再生槽
V1205 泡沫罐
V1207 溶硫釜
（单位名称）
变脱岗位
工艺流程图
（图样代号）
（材料标记）
阶段标记
重量
比例
共1张
第1张
标记
处数
分区
更改文件号
签名
年月日
设计
标准化
审核
工艺
批准

4. 绘制设备平面布置图

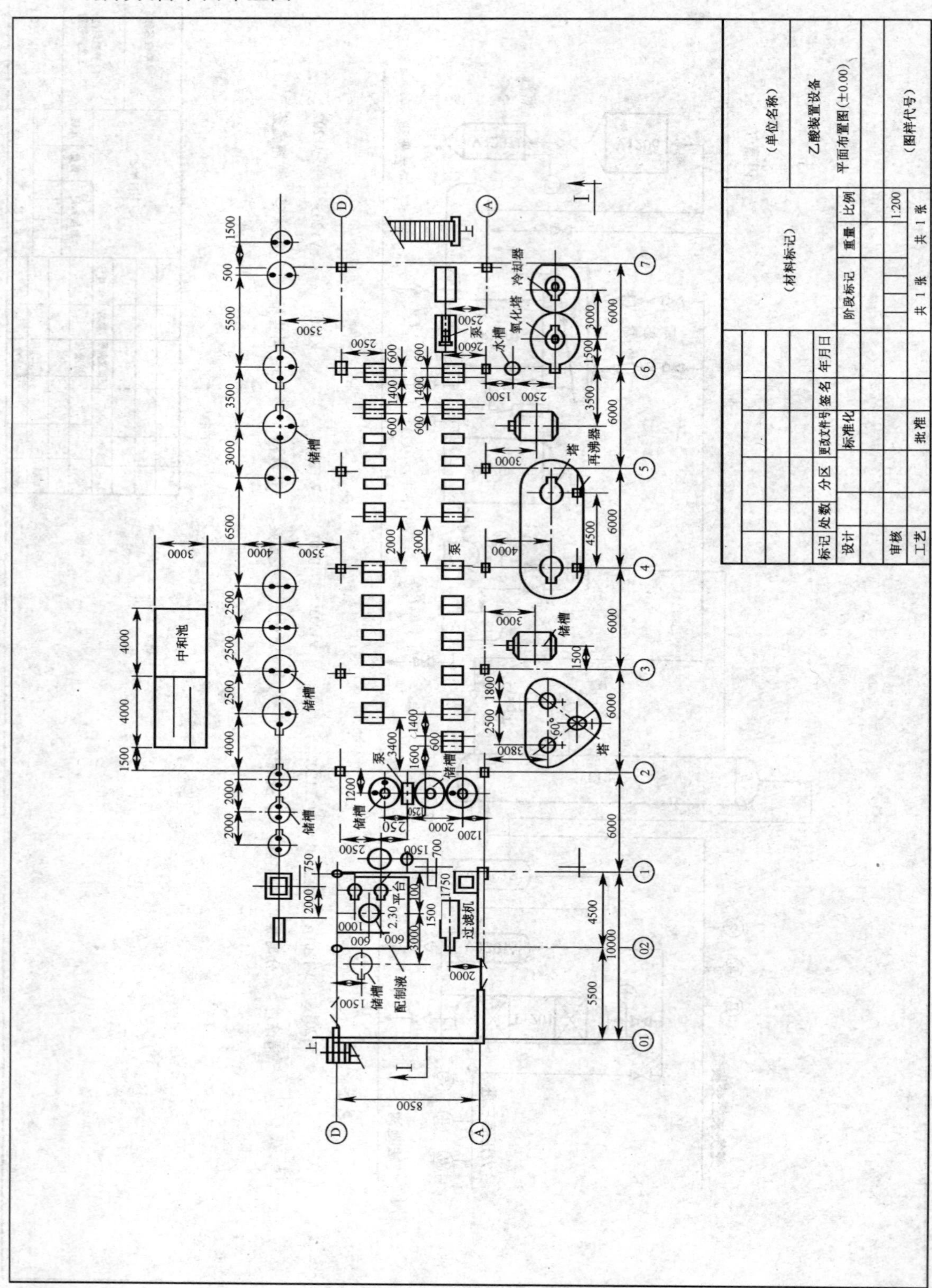

实训项目六　AutoCAD 三维实体的绘制

实训目标

- 掌握 AutoCAD 实体绘制使用方法。
- 掌握 AutoCAD 实体编辑和渲染的使用方法。
- 掌握绘制三维实体的方法和技巧。

任务和要求

① 学习掌握创建几何体，如长方体、楔体、圆锥体、球体、圆柱体、圆环体等实体。

② 学习掌握拉伸、旋转、剖切、螺旋等创建实体的方法。

③ 学习掌握并集、差集、交集、抽壳、三维镜像、三维旋转、三维阵列、倒角等三维实体的编辑方法。

④ 学习掌握复杂三维实体的创建编辑的方法和技巧。

任务一　二维图形创建实体

1. 用拉伸法创建实体

用拉伸法的操作有如下几种。

- 工具栏：单击“拉伸”按钮。
- 菜单栏：“绘图”→“建模”→“拉伸”。
- 命令行：输入“EXTRUDE”命令。

以水平面上平面图形（正六边形）沿 Z 轴拉伸为例。

输入命令后，命令栏提示：当前线框密度→选择对象，回车→指定拉伸高度→指定拉伸的倾斜角度，回车。拉伸高度为正值时，向上拉伸；反之，如果输入负值，则为向下拉伸。如图 6-1 所示。当然，也可以用鼠标指引拉伸方向，选定拉伸对象后，鼠标向上移动，输入拉伸高度，则向上拉伸；反之，鼠标向下移动，则向下拉伸。

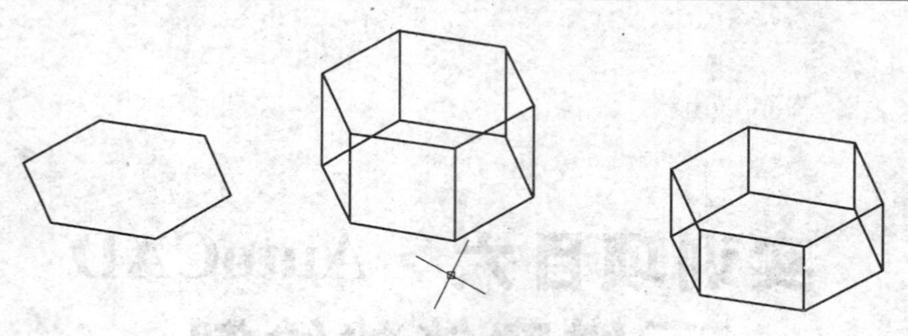

图 6-1 创建正、负拉伸高度拉伸实体示例

拉伸的倾斜角度取值范围为 -90°～90°。0°表示与二维平面垂直；角度为正值时，侧面向内倾斜（上表面小于下表面）；反之，角度为负值时，侧面向外倾斜（上表面大于下表面）。如图 6-2 所示。

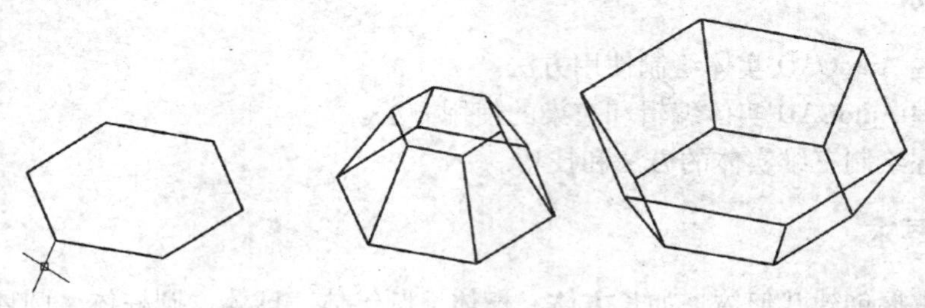

图 6-2 创建正、负倾斜角度拉伸实体示例

在侧平面和正平面上的平面图形，也可以分别沿 X、Y 轴拉伸。

至于命令栏提示的【路径（P)】，需事先设置一个三维多线段路径，可将平面图形拉伸为曲折的弯管。操作过程如下。

① 绘制三维多线段：由菜单栏“绘图”→“三维多线段”→分别沿 *Z* 向、*Y* 向、*X* 向各长 50mm；回车。

以三维多线段起点为圆心画圆作为被拉伸的平面图形。

② 拉伸：“拉伸” → 当前线框密度→选择对象（圆），回车→输入“P”，回车→单击三维多段线。结果如图 6-3 所示。

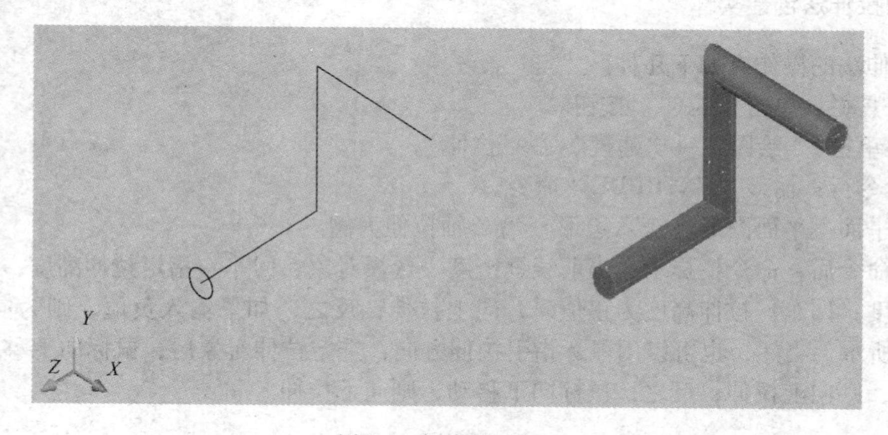

图 6-3 拉伸弯管示例

2. 用旋转法创建实体

- 工具栏：单击“旋转”按钮。
- 菜单栏：“绘图”→“建模”→“旋转”。
- 命令行：输入“REVOLVE”命令。

以 XOY 平面上的平面图形（带倒角的矩形）绕 *Y* 轴旋转为例：（绘制如图 6-4 所示带倒角的圆筒）

① 打开“视图”→“主视图”→“西南等轴测”。

② 绘制带倒角的矩形封闭线框，并将其形成面域。

③“旋转”→选择对象（上述面域），回车→指定回转轴（起点、端点），回车。

XOY 平面上的平面图形亦可绕 *X* 轴旋转。

同理，XOZ 平面上的平面图形可分别绕 *X*、*Z* 轴旋转；YOZ 平面上的平面图形则可分别绕 *Y*、*Z* 轴旋转。

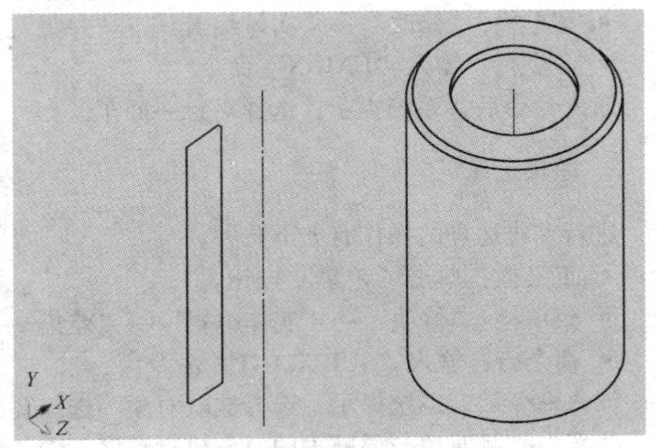

图 6-4 创建回转实体示例

3. 剖切三维实体

如果想展示机件内部结构，或者三维实体为基本几何体切割而成，可以采用剖切进行。采用剖切的操作有如下几种。

- 工具栏：单击“剖切”按钮。
- 菜单栏：“修改”→“三维操作”→“剖切”。
- 命令行：输入“SLICE”命令。

输入命令后，系统提示：选择对象，回车→指定剖切面上的第一点→指定第二点→指定第三点→指定要保留的一侧（若两侧都需保留，输入 B）。

与镜像平面一样，也可以输入与剖切平面平行的 XY、YZ、ZX 平面，然后指定剖切平面上的点，再确定是否保留两侧如图 6-5 所示。

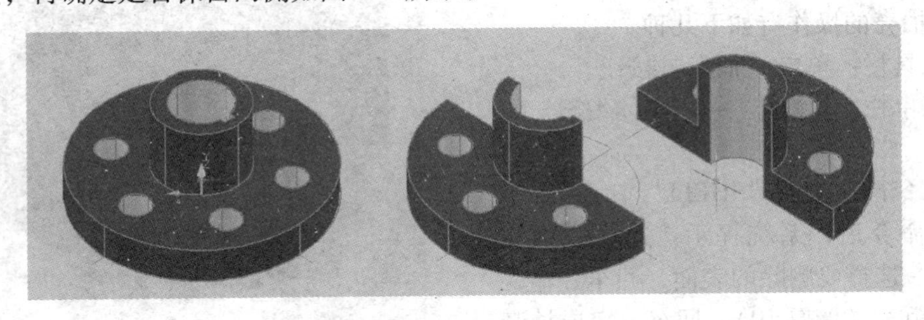

图 6-5 三维实体剖切示例

任务二　三维实体的创建编辑

1. 并集运算

进行并集运算的操作有如下几种。

- 工具栏：单击“并集”按钮。
- 菜单栏：“修改”→“实体编辑”→“并集”。
- 命令行：输入“UNION”命令。

输入命令后，系统提示：选择对象→回车。

2. 差集运算

进行差集运算的操作有如下几种。

- 工具栏：单击“差集”按钮。
- 菜单栏：“修改”→“实体编辑”→“差集”。
- 命令行：输入“SUBTRAGT”命令。

输入命令后，系统提示：选择被减对象→选择要减去的对象→回车。
注意：被减对象与要减去的对象执行顺序不同，结果也不同。

3. 交集运算

进行交集运算的操作有如下几种。

- 工具栏：单击“交集”按钮。
- 菜单栏：“修改”→“实体编辑”→“交集”。
- 命令行：输入“INTERSECT”命令。

输入命令后，系统提示：选择对象→回车。只保留二者重叠部分。

4. 抽壳

进行抽壳的操作有如下几种。

- 工具栏：单击“抽壳”按钮。
- 菜单栏：“修改”→“实体编辑”→“抽壳”。
- 命令行：输入“SHELL”命令。

输入命令后，系统提示：选择三维实体，回车→选择要删除的表面，回车→输入抽壳偏移距离（壁厚10），回车→完成抽壳操作。如图6-6所示。

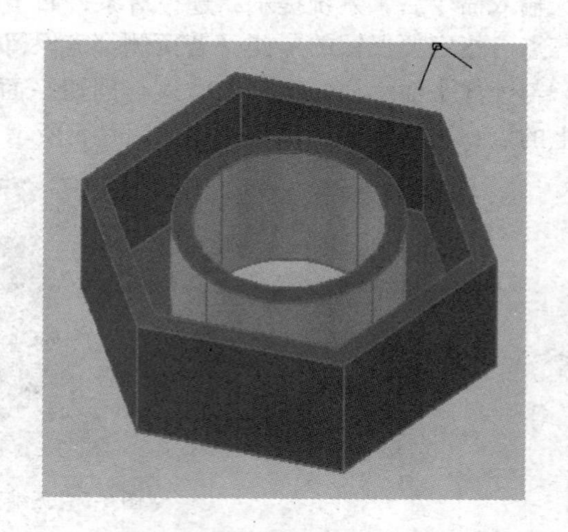

图6-6　抽壳创建箱体结构示例

图例练习

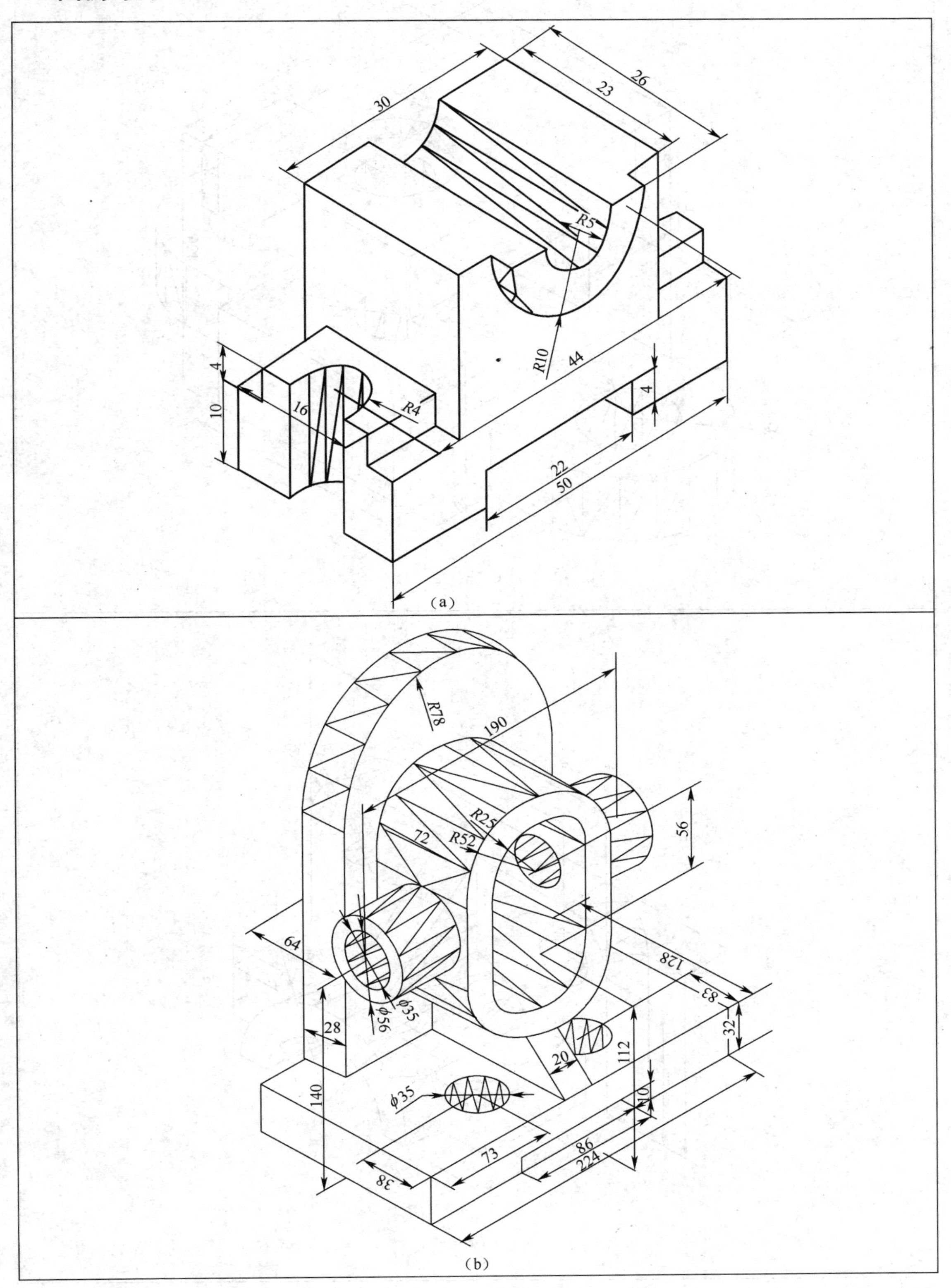
30
23
26
R5
R10
44
4
10
4
16
R4
22
50
(a)
R78
190
R25
R52
72
56
64
128
83
32
ϕ35
ϕ56
28
20
112
140
ϕ35
10
73
86
224
38
(b)

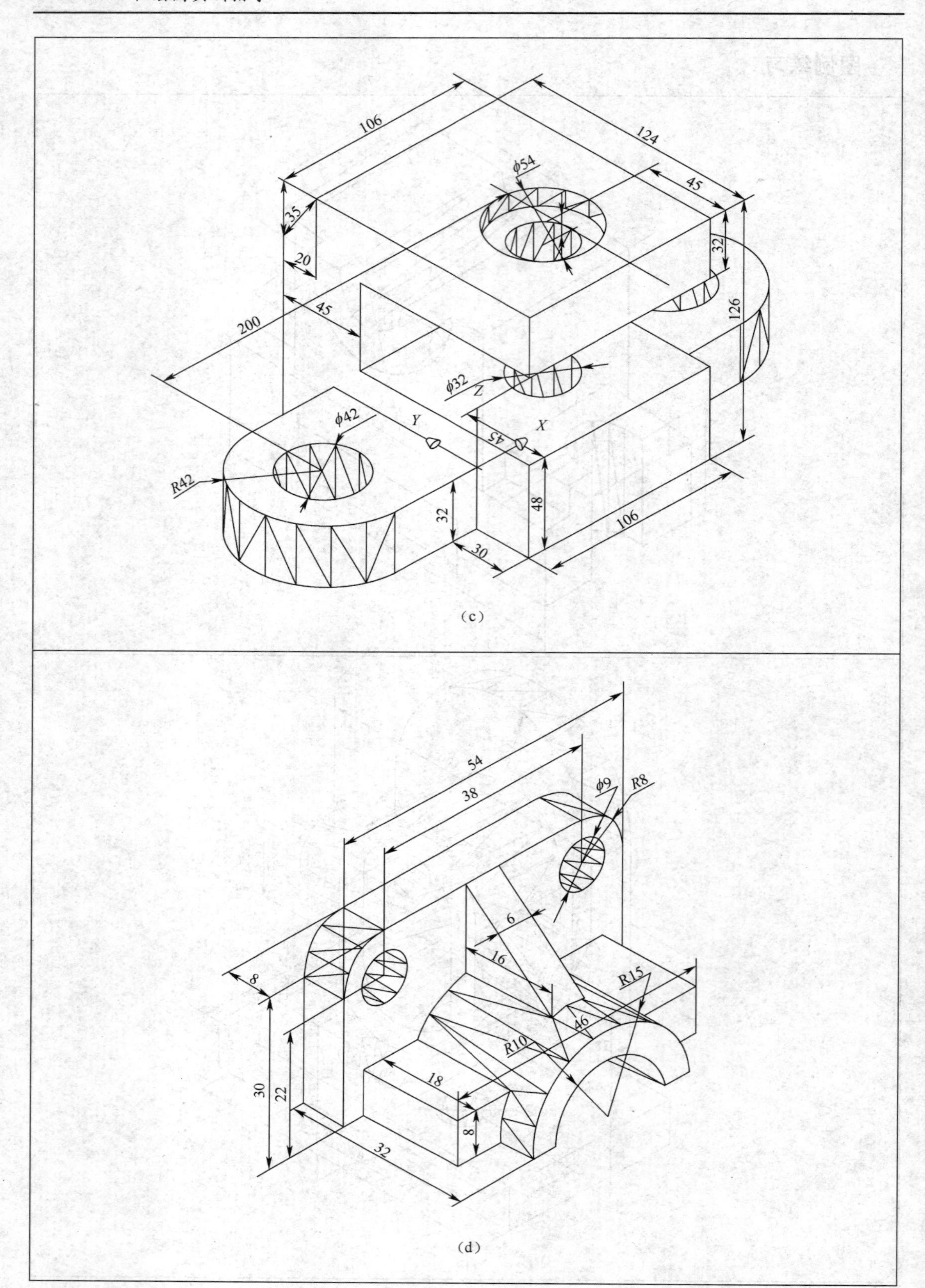
106
124
ϕ54
45
35
20
32
126
200
45
ϕ32
Z
Y
X
ϕ42
R42
45
32
48
106
30
54
38
ϕ9
R8
6
16
8
R15
46
R10
18
30
22
8
32
(c)

(d)

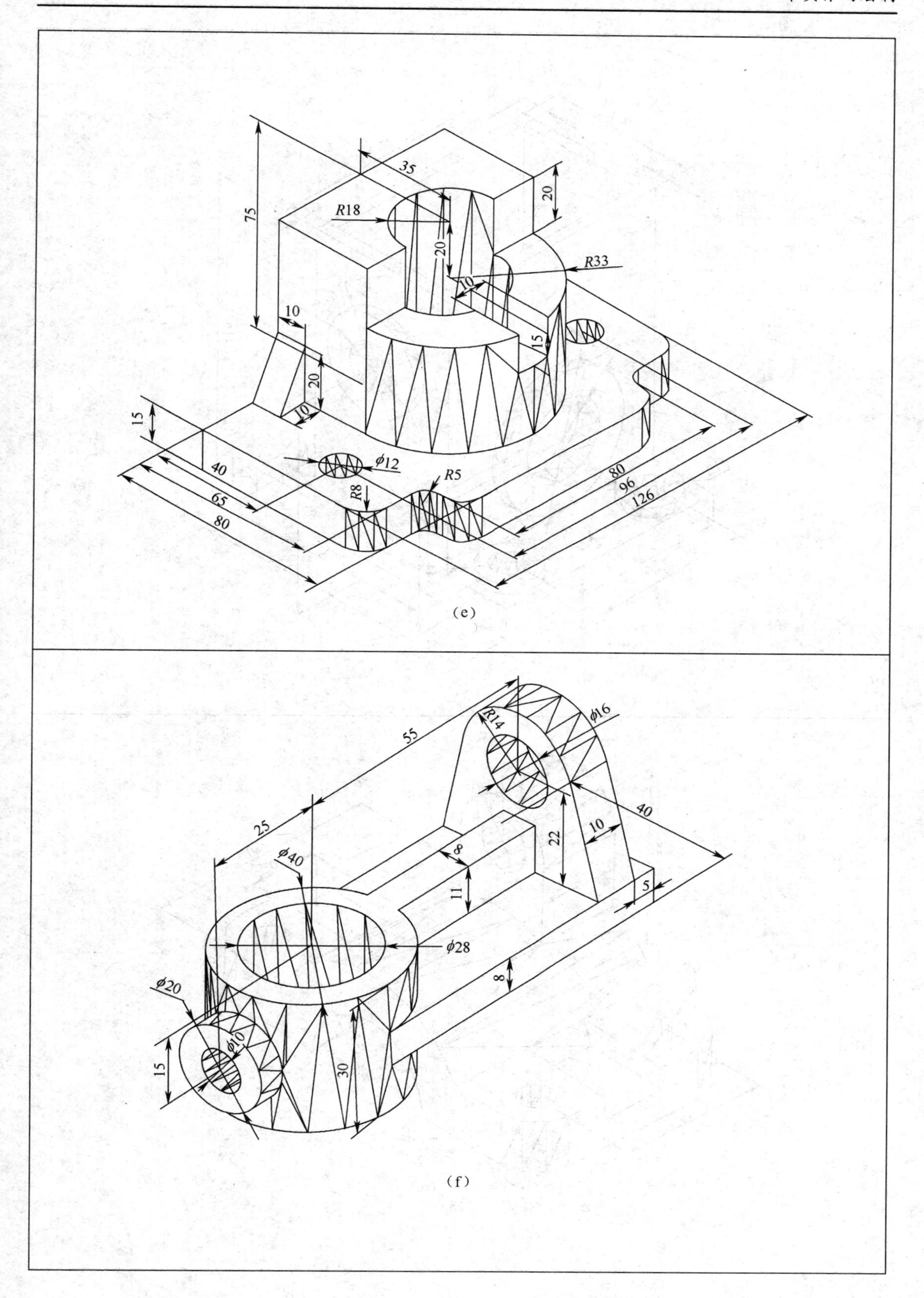
35
20
R18
75
20
R33
10
10
15
10
20
15
10
ϕ12
40
R5
R8
65
80
80
96
126
R14
ϕ16
55
40
25
ϕ40
8
22
10
11
5
ϕ28
8
ϕ20
ϕ10
15
30

(e)

(f)

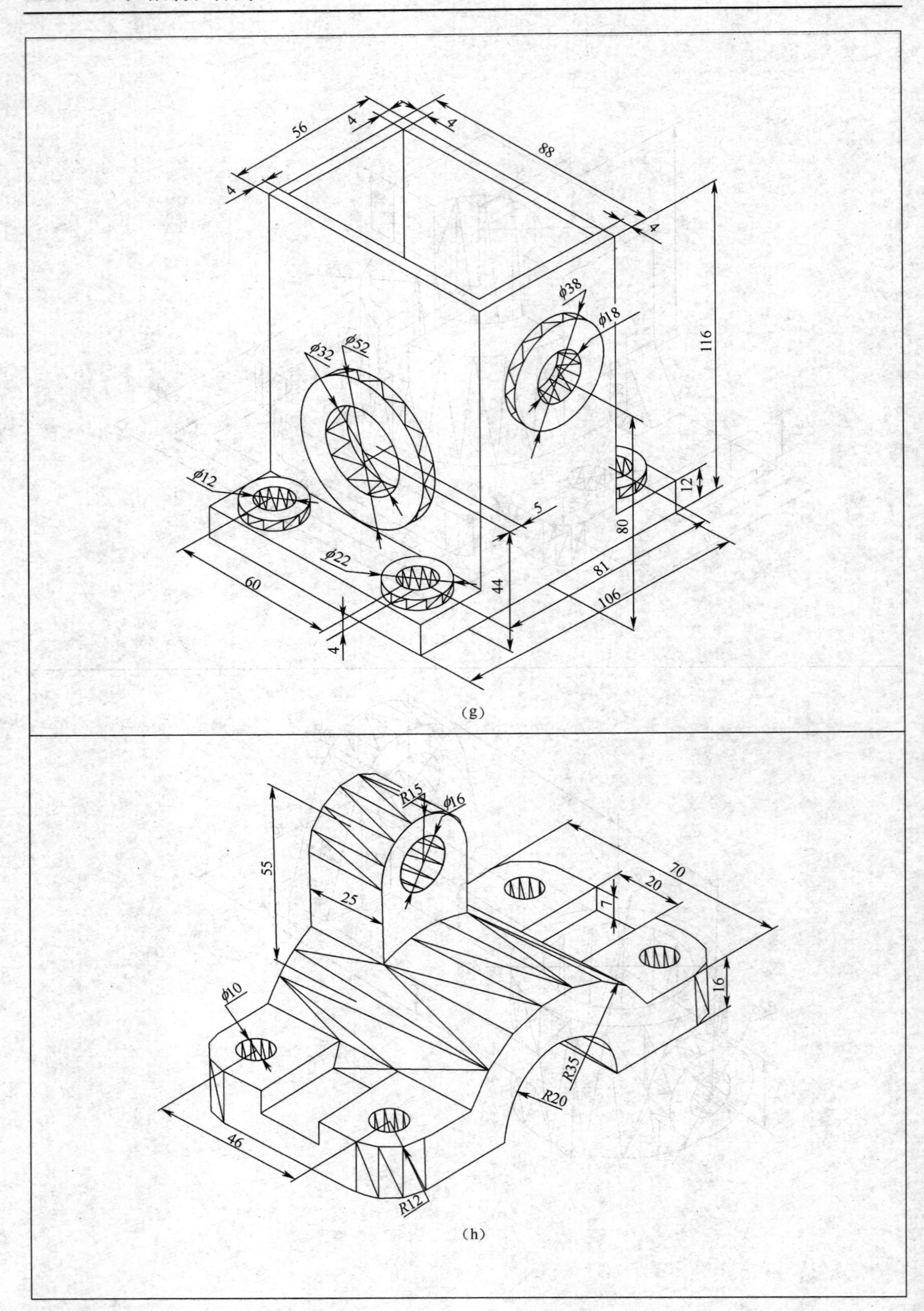
56
4
4
4
88
4
ϕ38
ϕ18
116
ϕ32
ϕ52
ϕ12
12
5
80
ϕ22
81
60
44
106
4
R15
ϕ16
70
55
20
7
25
16
ϕ10
R35
R20
46
R12

(g)

(h)

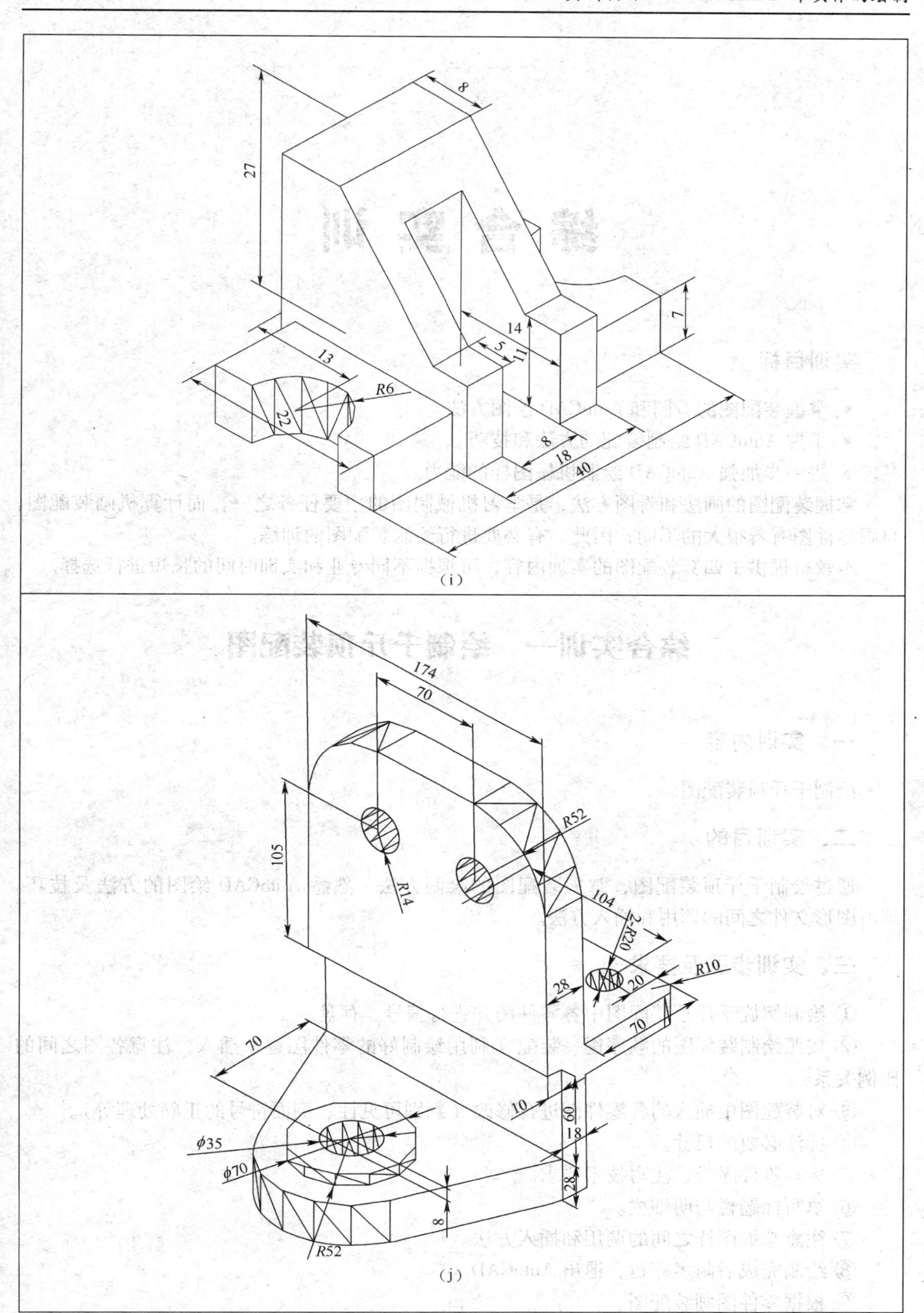
8
27
14
5
11
7
13
R6
22
8
18
40
174
70
R52
105
R14
104
2-R20
R10
20
28
70
70
10
60
18
φ35
φ70
28
8
R52

（i）

（j）

综 合 实 训

实训目标

- 掌握装配图的看图和 AutoCAD 绘图方法。
- 掌握 AutoCAD 绘制装配的方法和技巧。
- 进一步加强 AutoCAD 绘制机械图样的能力。

掌握装配图的画法和看图方法，是学习机械制图的主要任务之一，而计算机画装配图，与画零件图有着很大的不同，因此。有必要进行绘制装配图的训练。

本教材提供了四套装配图的实训内容，可根据不同专业和实训时间的长短进行选择。

综合实训一　绘制千斤顶装配图

一、实训内容

绘制千斤顶装配图。

二、实训目的

通过绘制千斤顶装配图，掌握装配图的绘制方法，熟悉 AutoCAD 绘图的方法及技巧。练习图形文件之间的调用和插入方法。

三、实训步骤及要求

① 绘制螺旋千斤顶装配图中各零件图并进行编号、存盘。

② 按照绘制装配图的顺序逐一装配（利用绘制好的零件图逐个插入，注意各图之间的比例关系）。

③ 对装配图中插入的各零件图进行修改（判别可见性、剖面符号的正确处理等）。

④ 标注必要的尺寸。

⑤ 标写零件序号，注写技术要求。

⑥ 填写标题栏与明细栏。

⑦ 注意掌握图样之间的调用和插入方法。

⑧ 绘制完成后附名存盘，退出 AutoCAD。

⑨ 根据零件图画装配图。

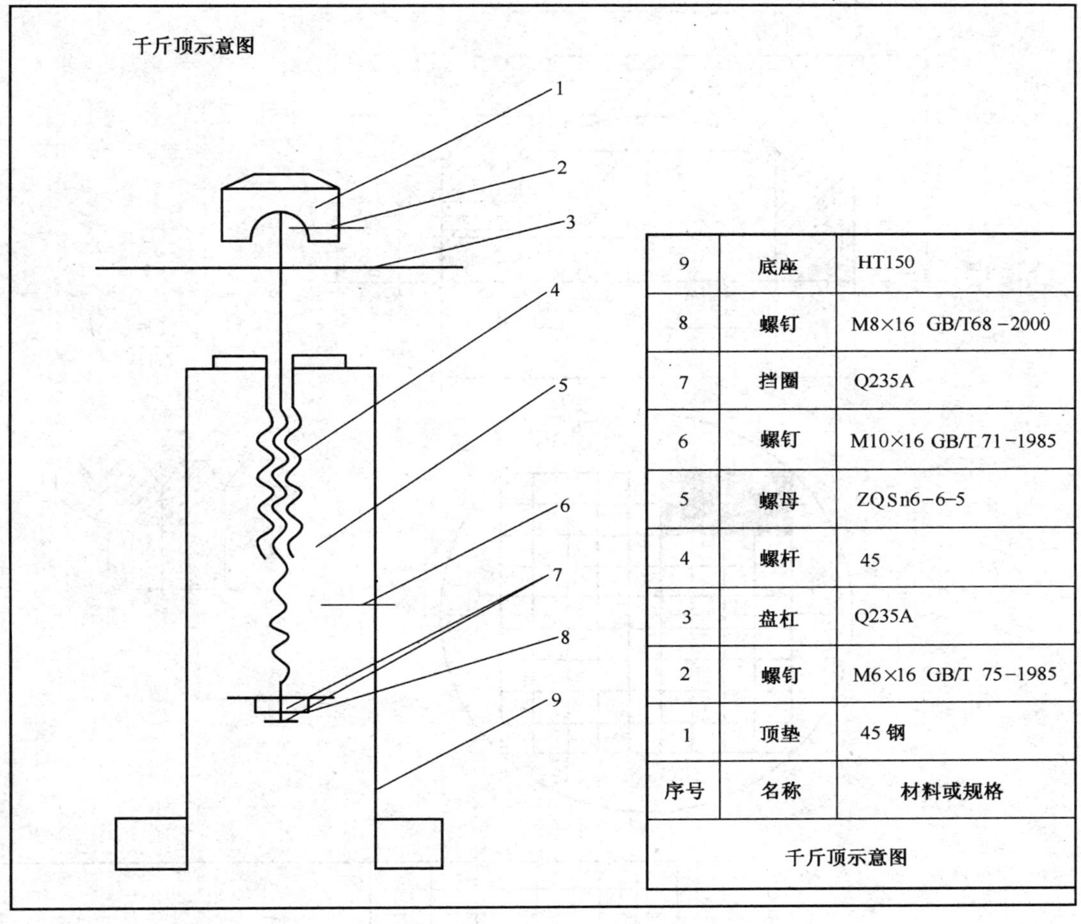

序号	名称	材料或规格
9	底座	HT150
8	螺钉	M8×16 GB/T68－2000
7	挡圈	Q235A
6	螺钉	M10×16 GB/T 71－1985
5	螺母	ZQSn6-6-5
4	螺杆	45
3	盘杠	Q235A
2	螺钉	M6×16 GB/T 75－1985
1	顶垫	45 钢
千斤顶示意图		

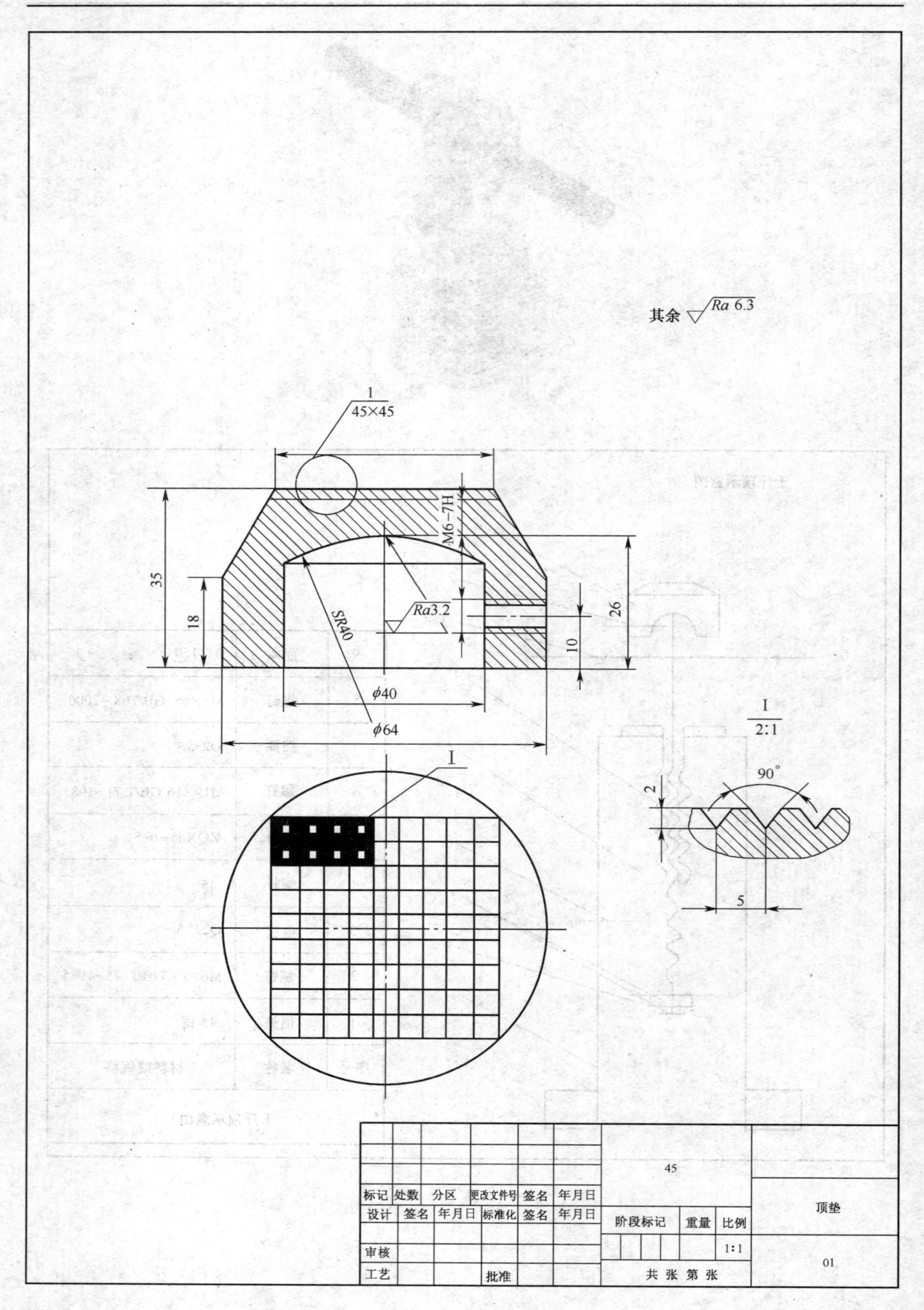
其余 Ra 6.3
1
45×45
M6-7H
35
18
SR40
Ra3.2
26
10
φ40
φ64
I
I
2:1
90°
2
5
45
标记 处数 分区 更改文件号 签名 年月日
设计 签名 年月日 标准化 签名 年月日
阶段标记 重量 比例
顶垫
审核
1:1
01
工艺
批准
共 张 第 张

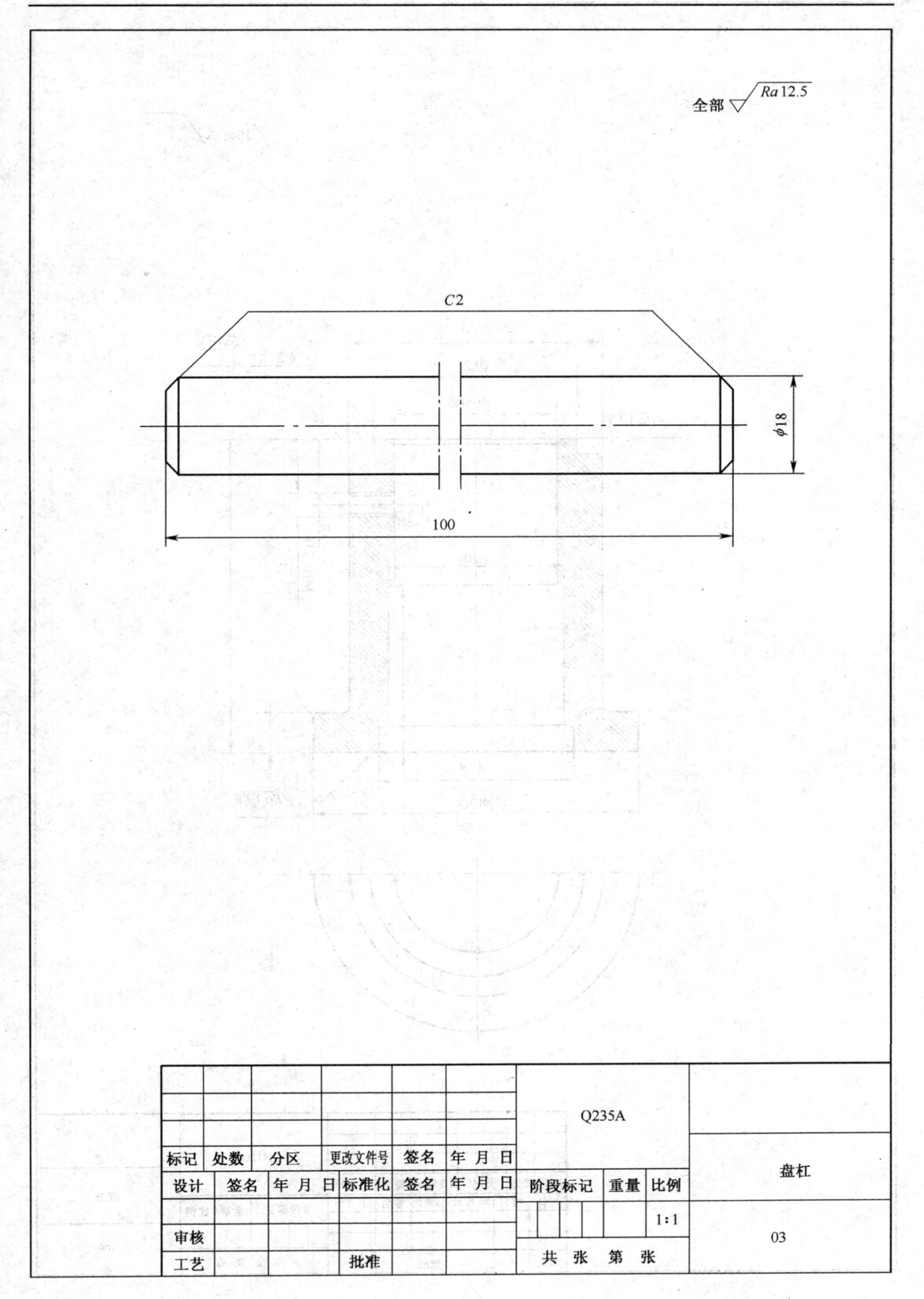
全部 Ra 12.5
C2
ϕ18
100
Q235A
标记 处数 分区 更改文件号 签名 年 月 日
设计 签名 年 月 日 标准化 签名 年 月 日
阶段标记 重量 比例
1:1
审核
工艺 批准
共 张 第 张
盘杠
03

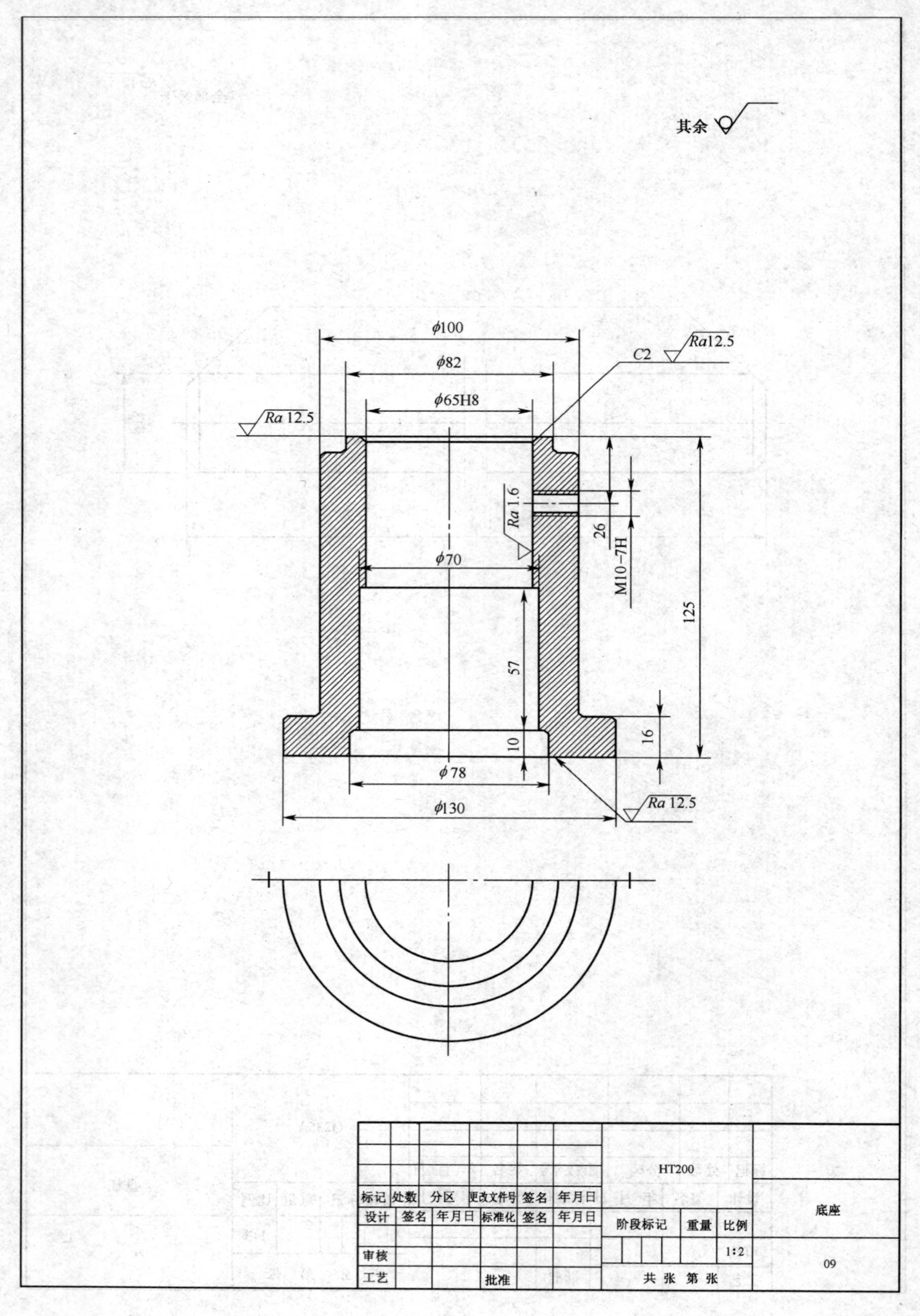

其余
Ra12.5
C2
φ100
φ82
φ65H8
Ra 12.5
Ra 1.6
26
M10−7H
125
φ70
57
16
10
φ78
φ130
Ra 12.5
HT200
标记 处数 分区 更改文件号 签名 年月日
设计 签名 年月日 标准化 签名 年月日
阶段标记 重量 比例
1:2
审核
工艺 批准
共 张 第 张
底座
09

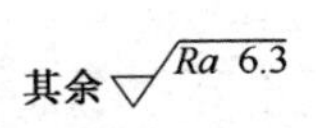

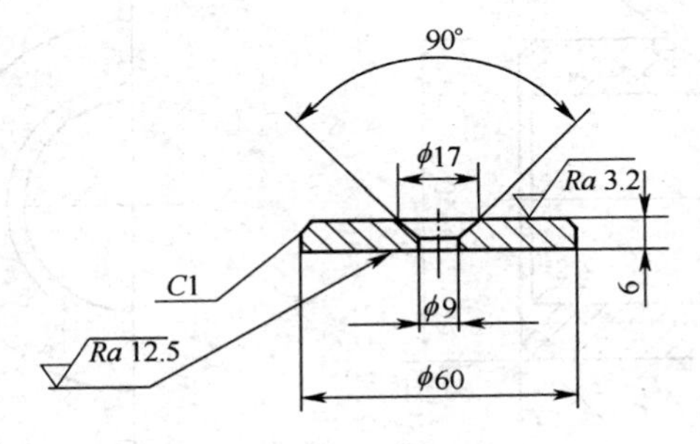

						Q235A			
标记	处数	分区	更改文件号	签名	年月日				挡圈
设计	签名	年月日	标准化	签名	年月日	阶段标记	重量	比例	
								1:1	07
审核									
工艺			批准			共 张 第 张			

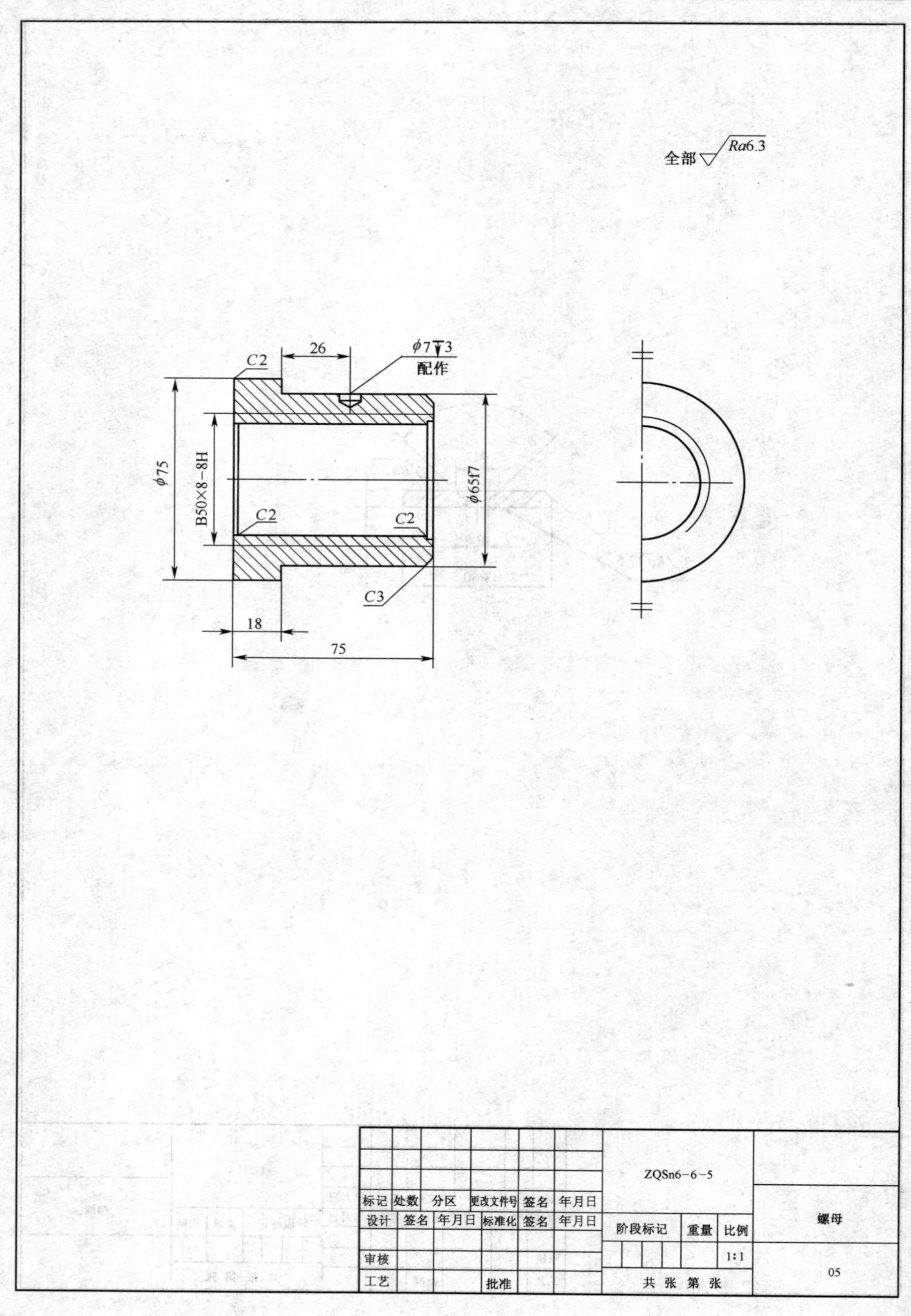
全部 Ra6.3
26
φ7▼3
配作
C2
φ75
B50×8−8H
C2
C2
φ65f7
C3
18
75
ZQSn6−6−5
标记 处数 分区 更改文件号 签名 年月日
设计 签名 年月日 标准化 签名 年月日
阶段标记 重量 比例
螺母
审核
1:1
工艺 批准
共 张 第 张
05

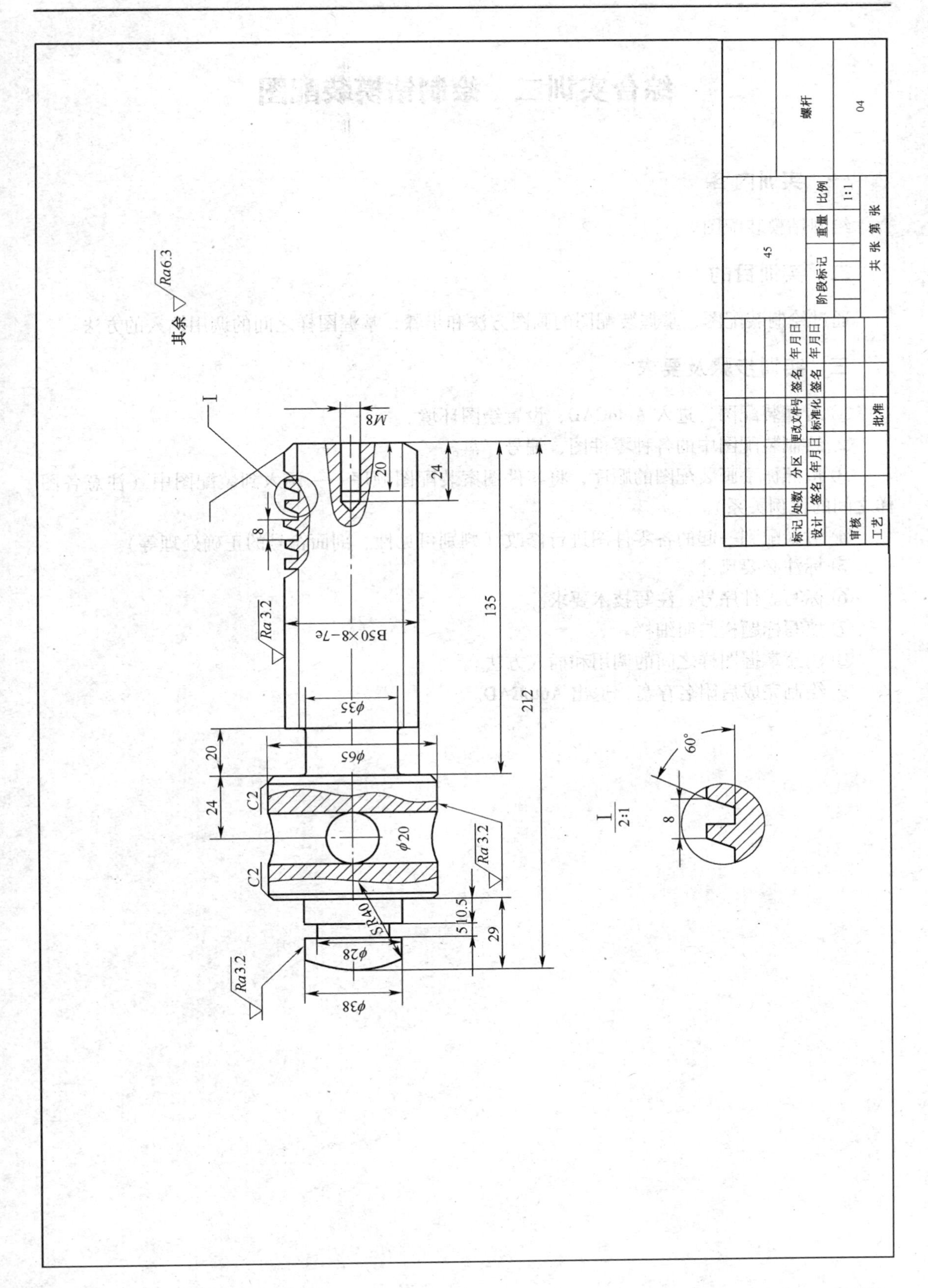

螺杆
04
45
比例
1:1
重量
阶段标记
共 张 第 张
标记 处数 分区 更改文件号 签名 年月日
设计 签名 年月日 标准化 签名 年月日
审核
工艺
批准
其余 Ra6.3
I
M8
20
24
8
135
212
B50×8−7e
Ra 3.2
ϕ35
ϕ65
C2
ϕ20
SR40
10.5
5
29
ϕ28
ϕ38
Ra3.2
I
2:1
60°

综合实训二　绘制钻模装配图

一、实训内容

绘制钻模装配图。

二、实训目的

通过绘制装配图，掌握装配图的画图方法和步骤，掌握图样之间的调用插入的方法。

三、实训步骤及要求

① 看懂装配图，进入 AutoCAD，设置绘图环境。

② 绘制装配图中的各种零件图，编号存盘。

③ 按照徒手画装配图的顺序，将零件图案装配图顺序一一调入到装配图中（注意各图样之间的比例关系）。

④ 对转配到一起的各零件图进行修改（判别可见性、剖面符号的正确处理等）。

⑤ 标注必要尺寸。

⑥ 标写零件序号，注写技术要求。

⑦ 填写标题栏与明细栏。

⑧ 注意掌握图样之间的调用和插入方法。

⑨ 绘制完成后附名存盘，退出 AutoCAD。

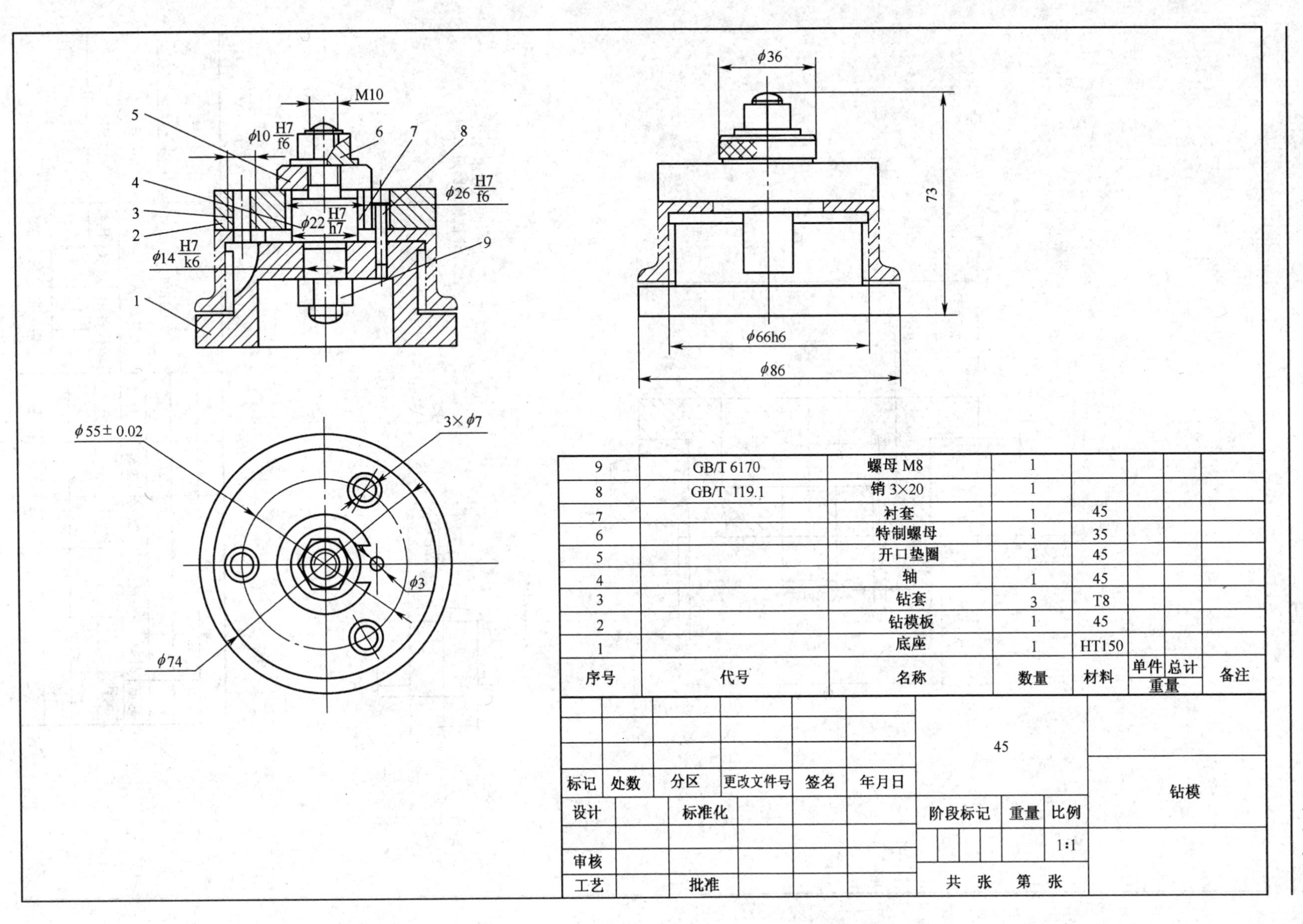

序号	代号	名称	数量	材料	单件重量	总计重量	备注
9	GB/T 6170	螺母 M8	1				
8	GB/T 119.1	销 3×20	1				
7		衬套	1	45			
6		特制螺母	1	35			
5		开口垫圈	1	45			
4		轴	1	45			
3		钻套	3	T8			
2		钻模板	1	45			
1		底座	1	HT150			

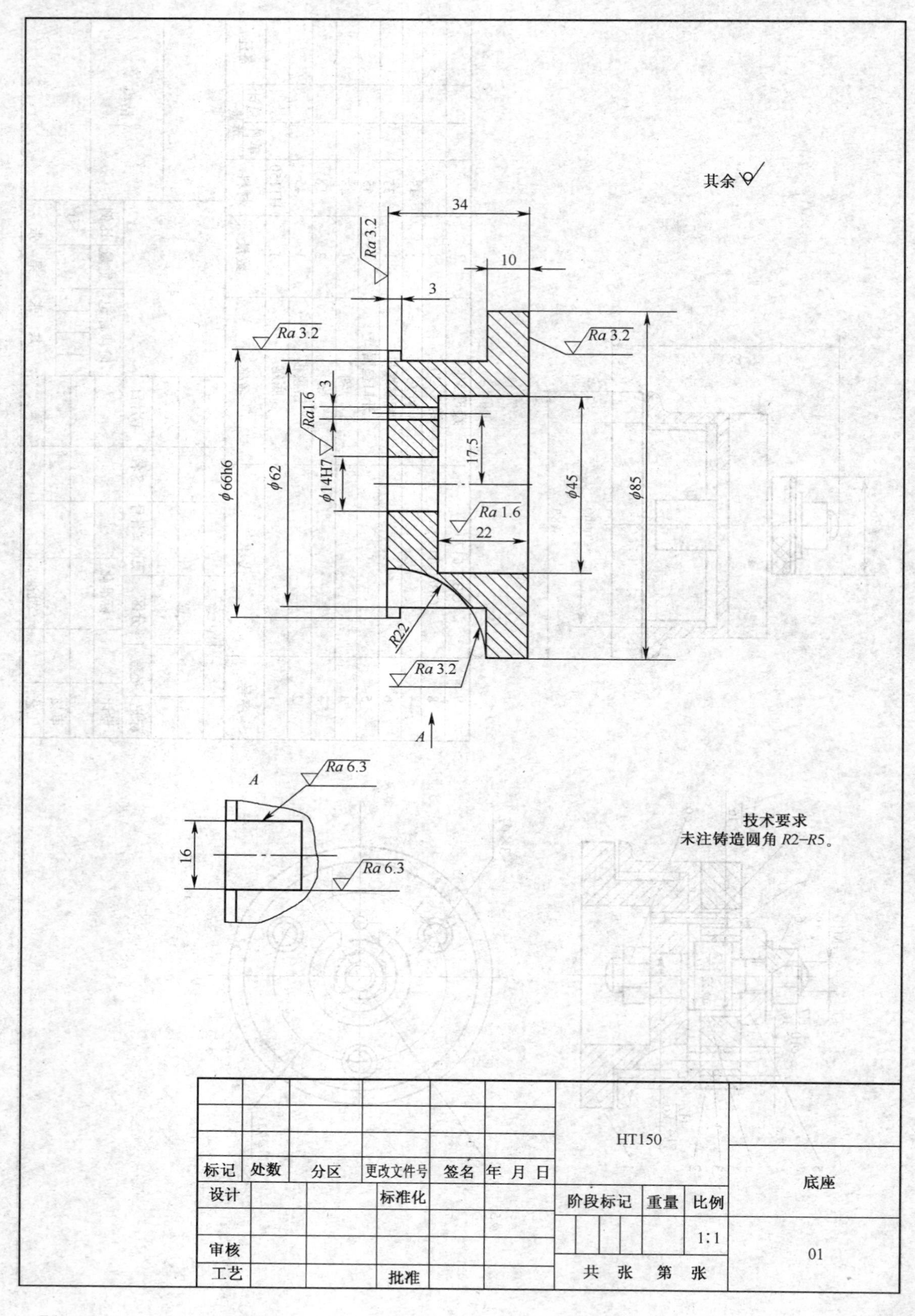
其余
34
10
3
Ra 3.2
Ra 3.2
Ra 3.2
Ra1.6
3
17.5
φ66h6
φ62
φ14H7
φ45
φ85
Ra 1.6
22
R22
Ra 3.2
A
A
Ra 6.3
16
Ra 6.3
技术要求
未注铸造圆角 R2–R5。
HT150
标记
处数
分区
更改文件号
签名
年 月 日
设计
标准化
阶段标记
重量
比例
底座
1:1
审核
01
工艺
批准
共 张 第 张

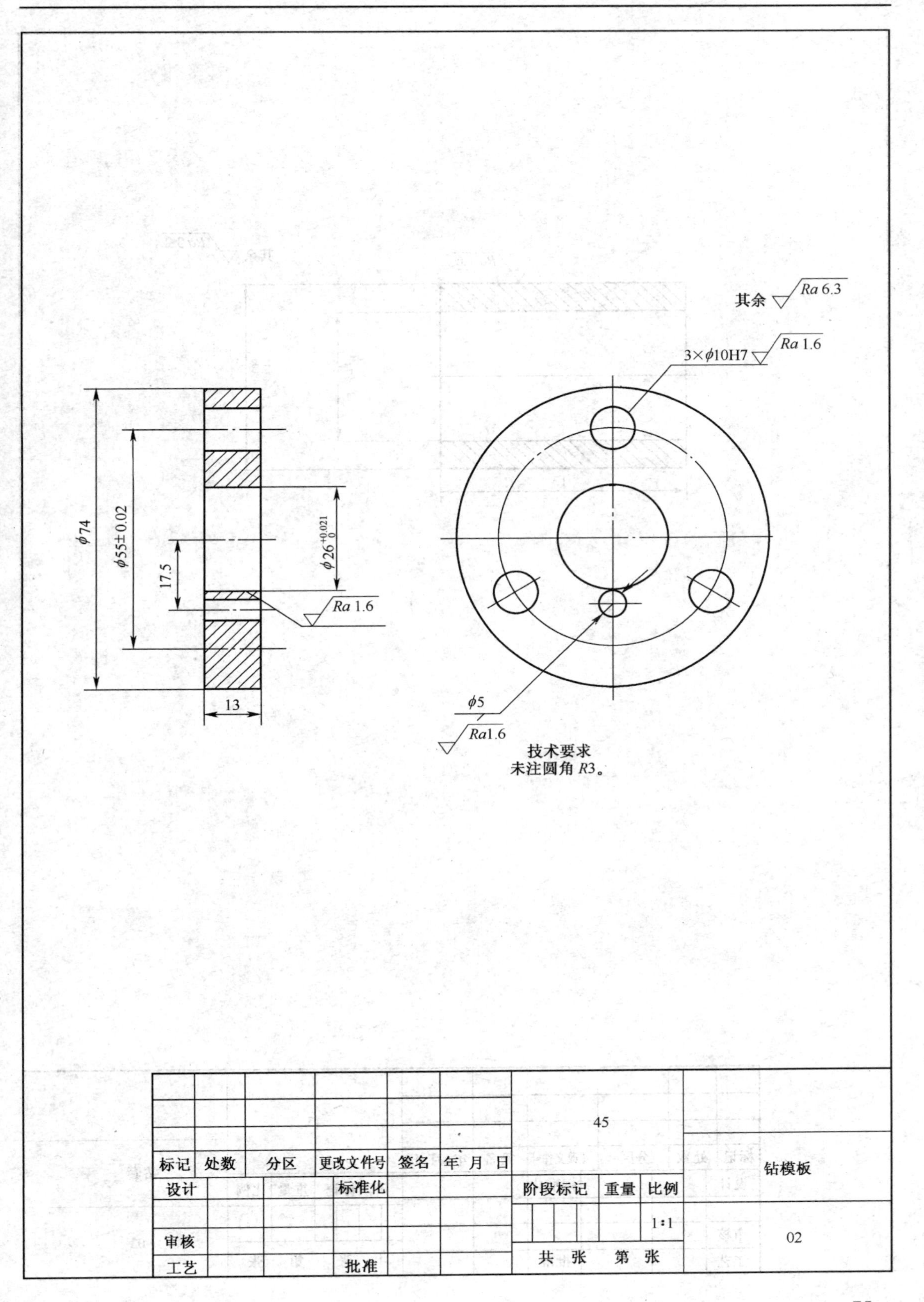

其余 Ra 6.3
3×φ10H7 Ra 1.6
φ74
φ55±0.02
17.5
φ26
Ra 1.6
13
φ5
Ra1.6
技术要求
未注圆角R3。
45
标记 处数 分区 更改文件号 签名 年 月 日
设计 标准化
阶段标记 重量 比例
1:1
审核
工艺 批准
共 张 第 张
钻模板
02

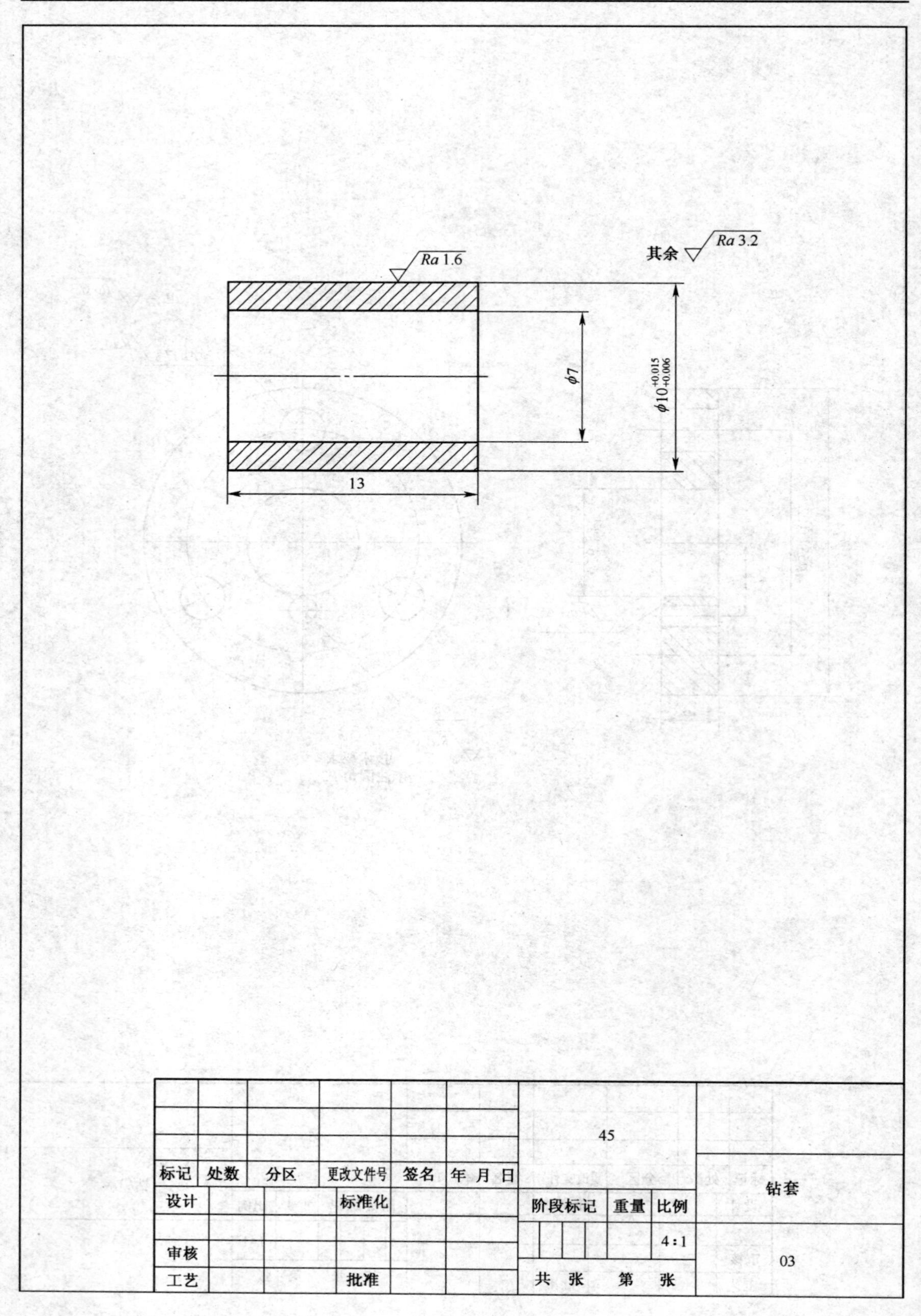
Ra 1.6
其余 Ra 3.2
φ7
φ10+0.015 +0.006
13
45
标记 处数 分区 更改文件号 签名 年 月 日
设计 标准化
阶段标记 重量 比例
4:1
审核
工艺 批准
共 张 第 张
钻套
03

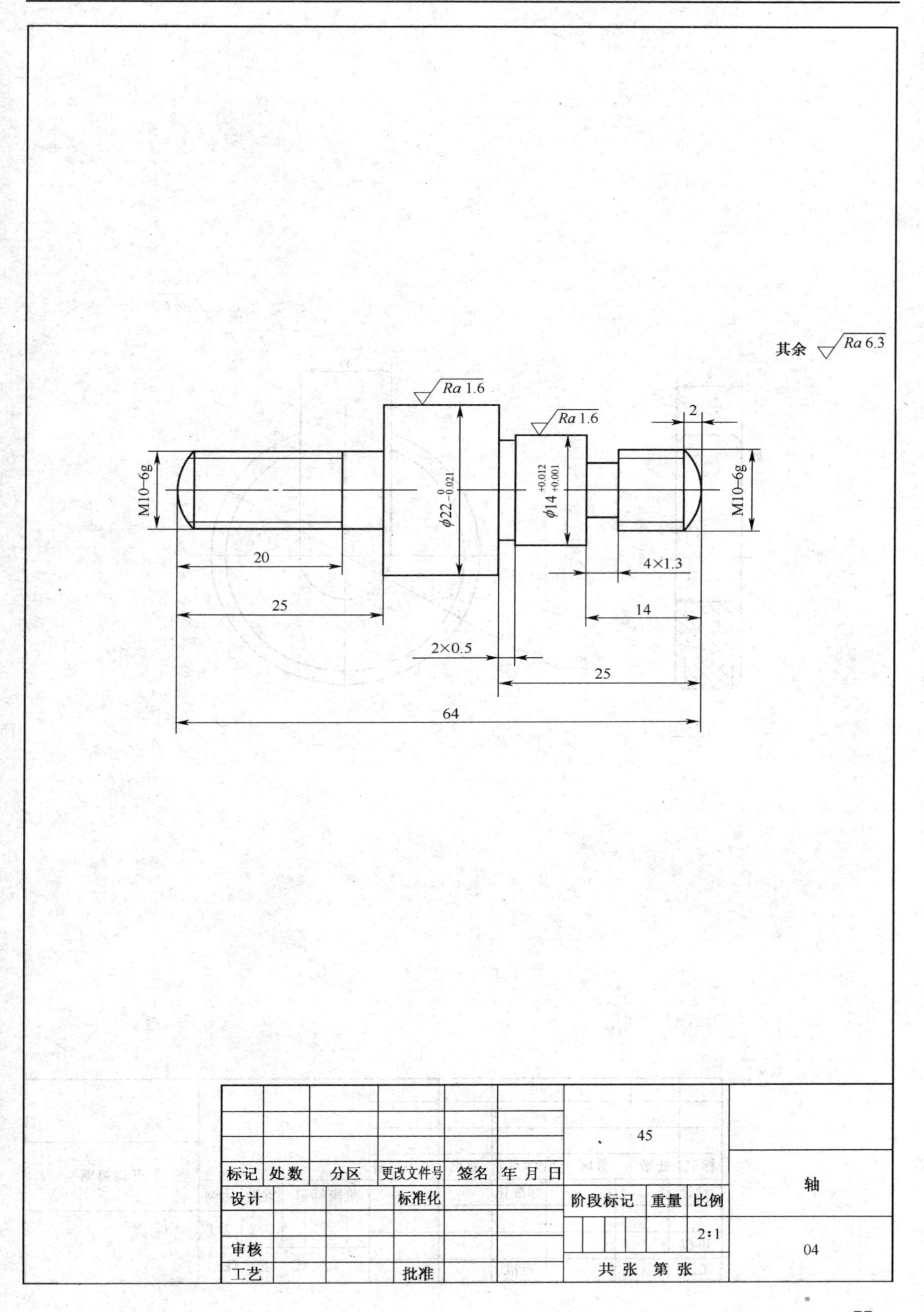

其余 Ra 6.3
Ra 1.6
Ra 1.6
2
M10−6g
$\phi 22^{0}_{-0.021}$
$\phi 14^{+0.012}_{+0.001}$
M10−6g
20
4×1.3
25
14
2×0.5
25
64
45
标记 处数 分区 更改文件号 签名 年 月 日
设计 标准化
阶段标记 重量 比例
2:1
审核
工艺 批准
共 张 第 张
轴
04

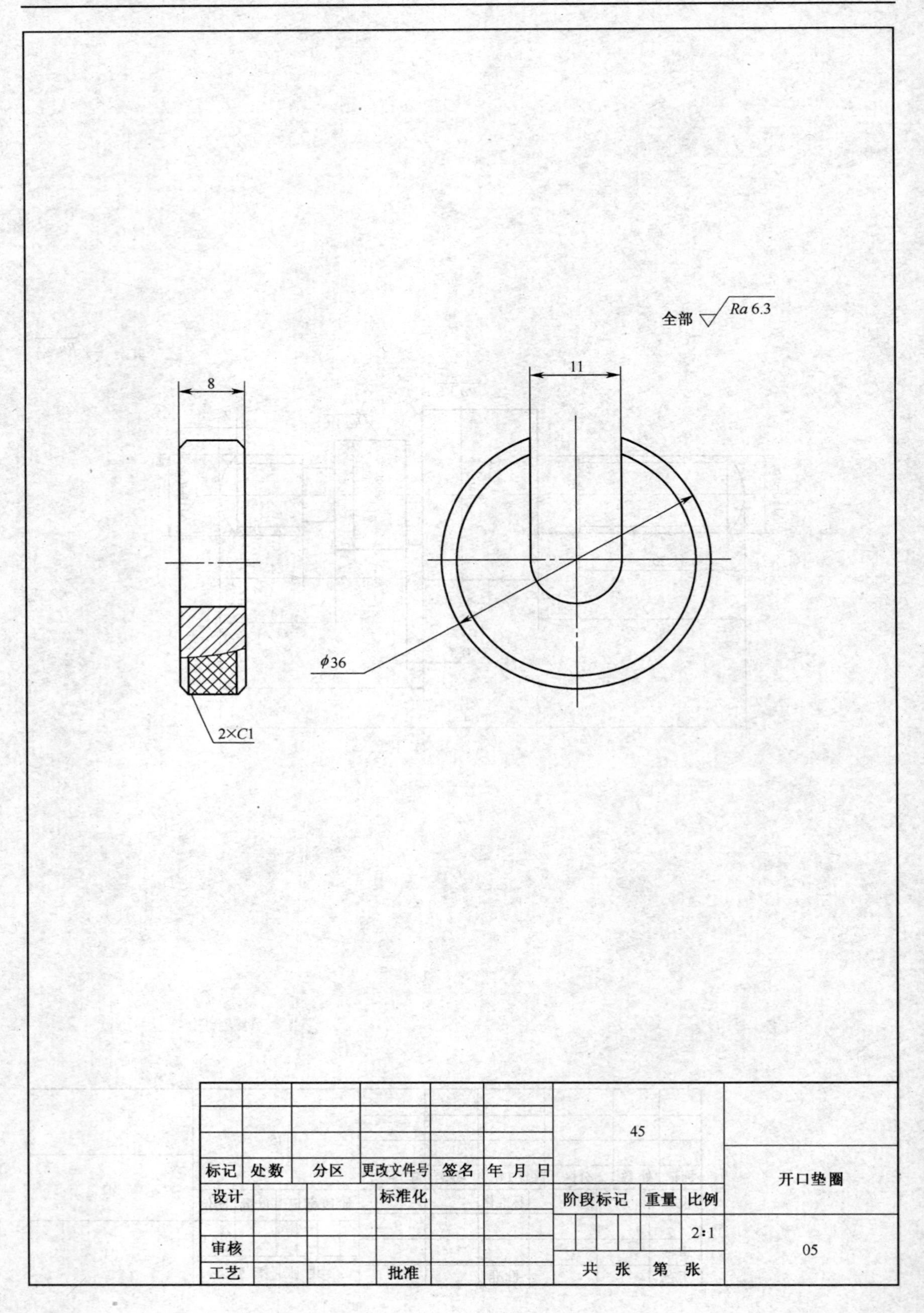
全部 Ra 6.3
8
11
ϕ36
2×C1
45
标记
处数
分区
更改文件号
签名
年 月 日
设计
标准化
阶段标记
重量
比例
2∶1
审核
工艺
批准
共 张 第 张
开口垫圈
05

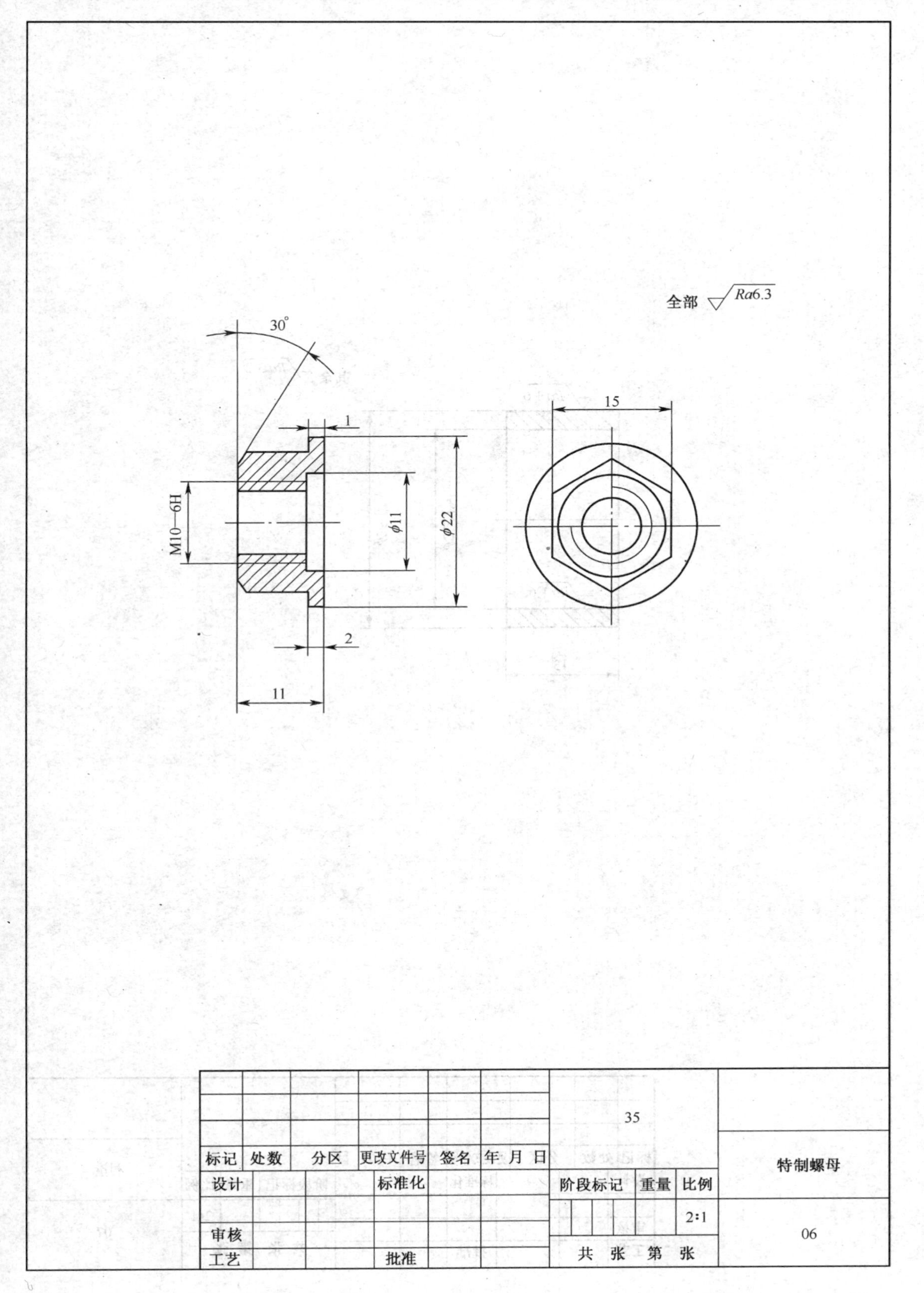
全部 Ra6.3
30°
1
2
11
M10—6H
φ11
φ22
15
35
标记
处数
分区
更改文件号
签名
年 月 日
设计
标准化
阶段标记
重量
比例
2:1
审核
工艺
批准
共 张 第 张
特制螺母
06

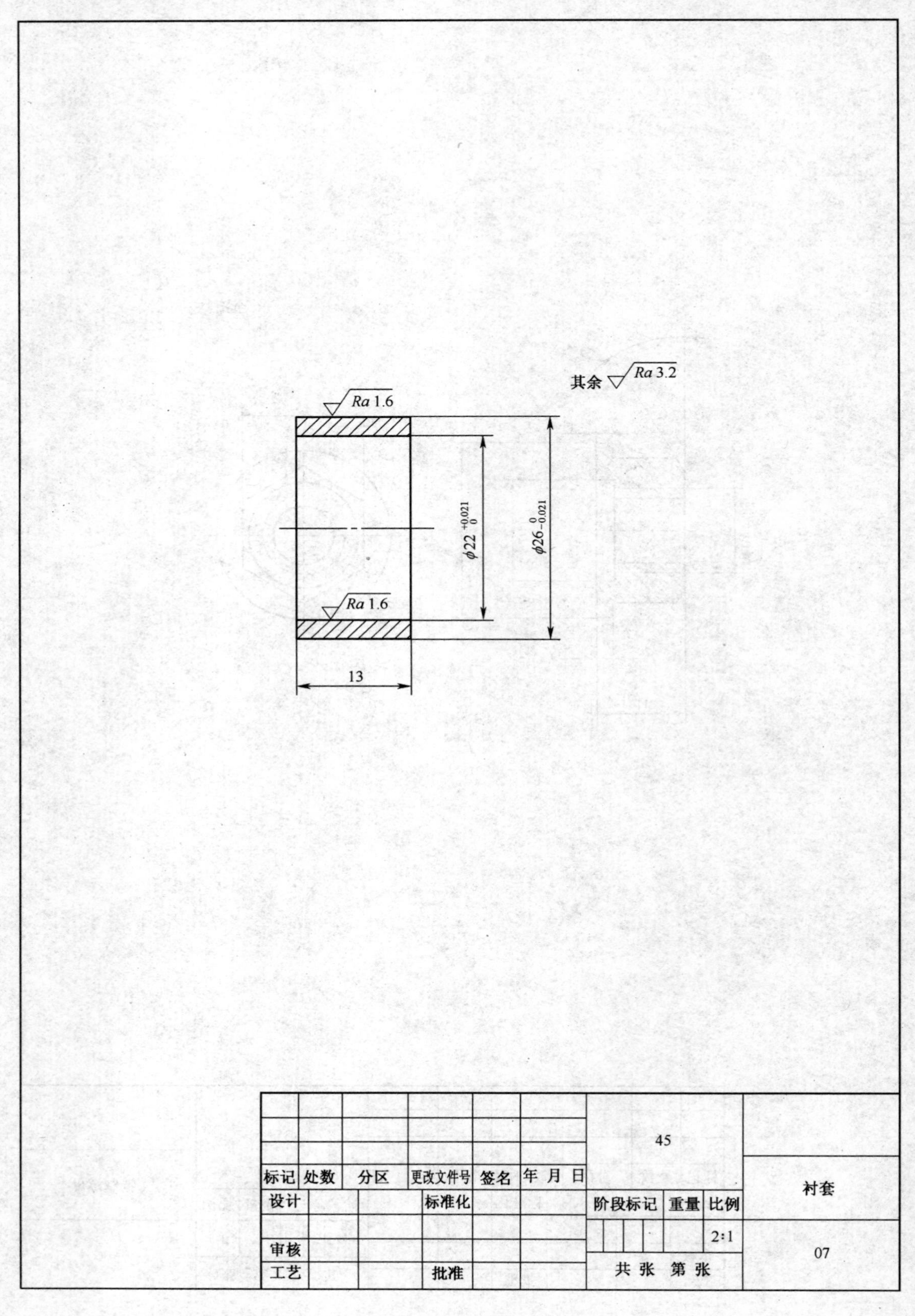
其余 Ra 3.2
Ra 1.6
Ra 1.6
$\phi 22^{+0.021}_{0}$
$\phi 26^{0}_{-0.021}$
13
45
标记 处数 分区 更改文件号 签名 年 月 日
设计 标准化
阶段标记 重量 比例
2:1
审核
工艺 批准
共 张 第 张
衬套
07

综合实训三　绘制机用虎钳装配图

一、实训内容

绘制机用虎钳装配图（见附图 b）。

二、实训目的

通过绘制机用虎钳装配图，进一步掌握装配图的画图方法和步骤，掌握图样之间的调用插入的方法。

三、实训目的及要求

① 看懂装配图，进入 AutoCAD，设置绘图环境。

② 绘制装配图中的各种零件图，编号存盘。

③ 按照徒手画装配图的顺序，将零件图案装配图顺序一一调入到装配图中（注意各图样之间的比例关系）。

④ 对转配到一起的各零件图进行修改（判别可见性、剖面符号的正确处理等）。

⑤ 标注必要尺寸。

⑥ 标写零件序号，注写技术要求。

⑦ 填写标题栏与明细栏。

⑧ 注意掌握图样之间的调用和插入方法。

⑨ 绘制完成后附名存盘，退出 AutoCAD。

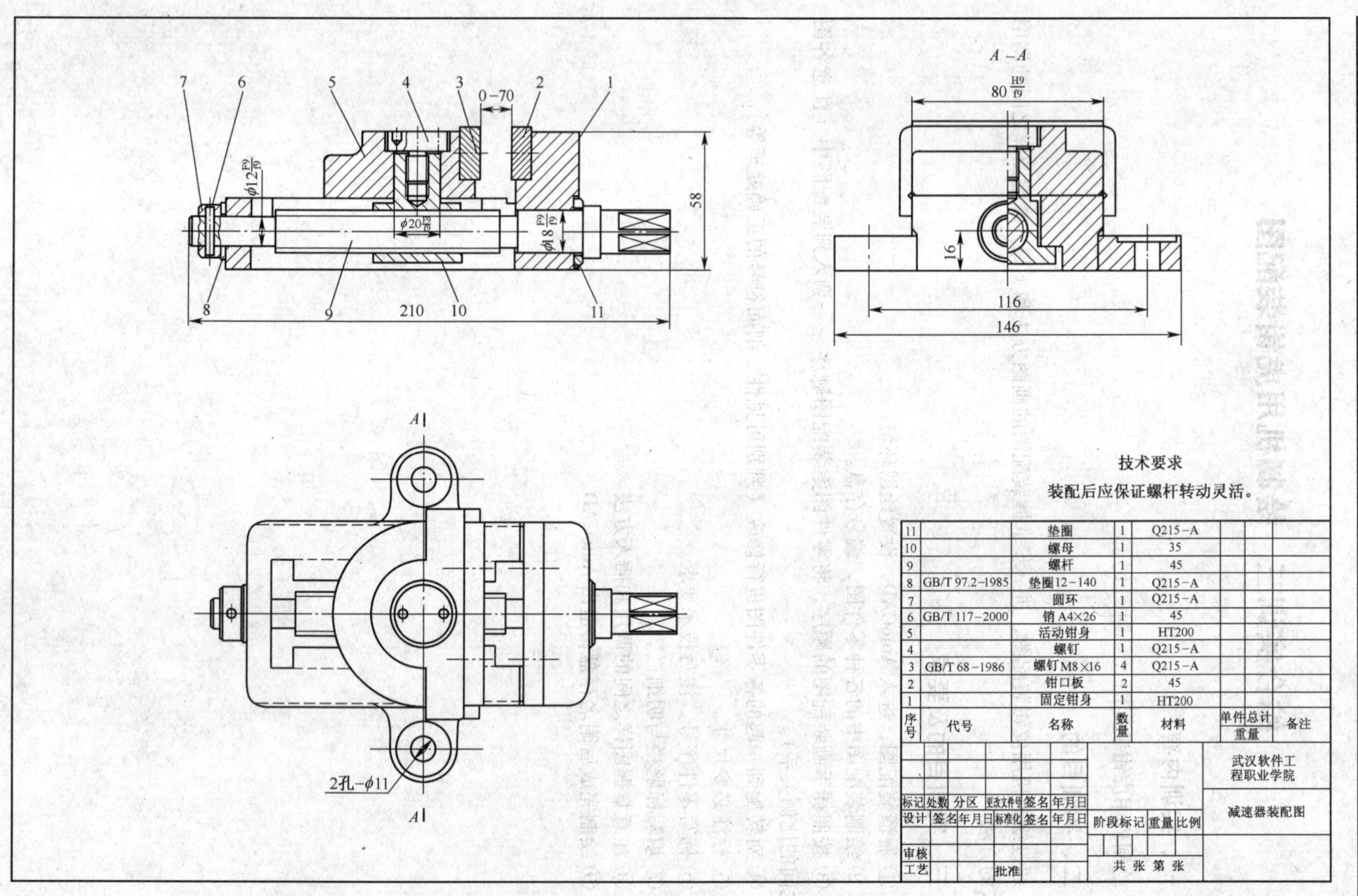

附图 b 绘制机用虎钳装配图

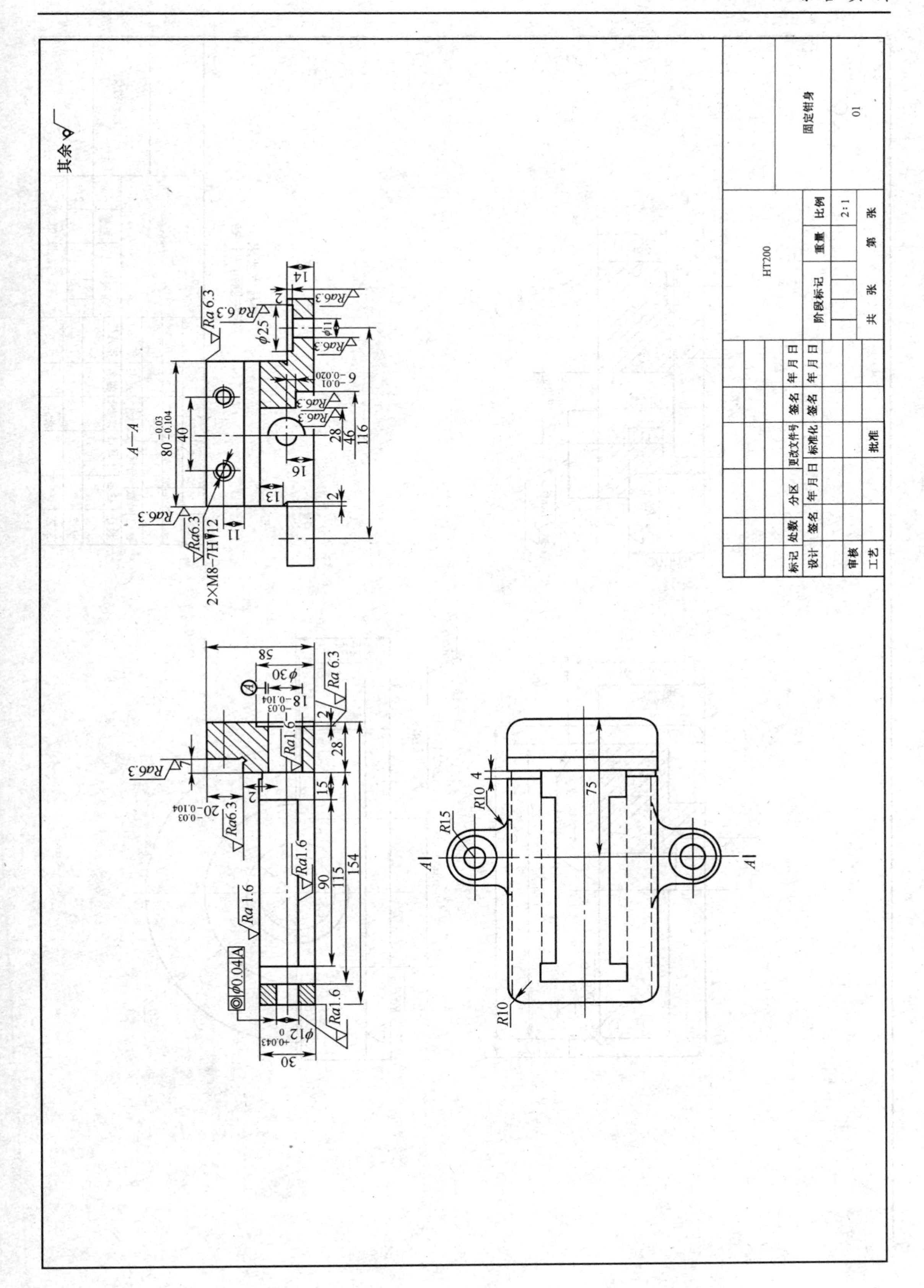

固定钳身
HT200
A—A
2:1

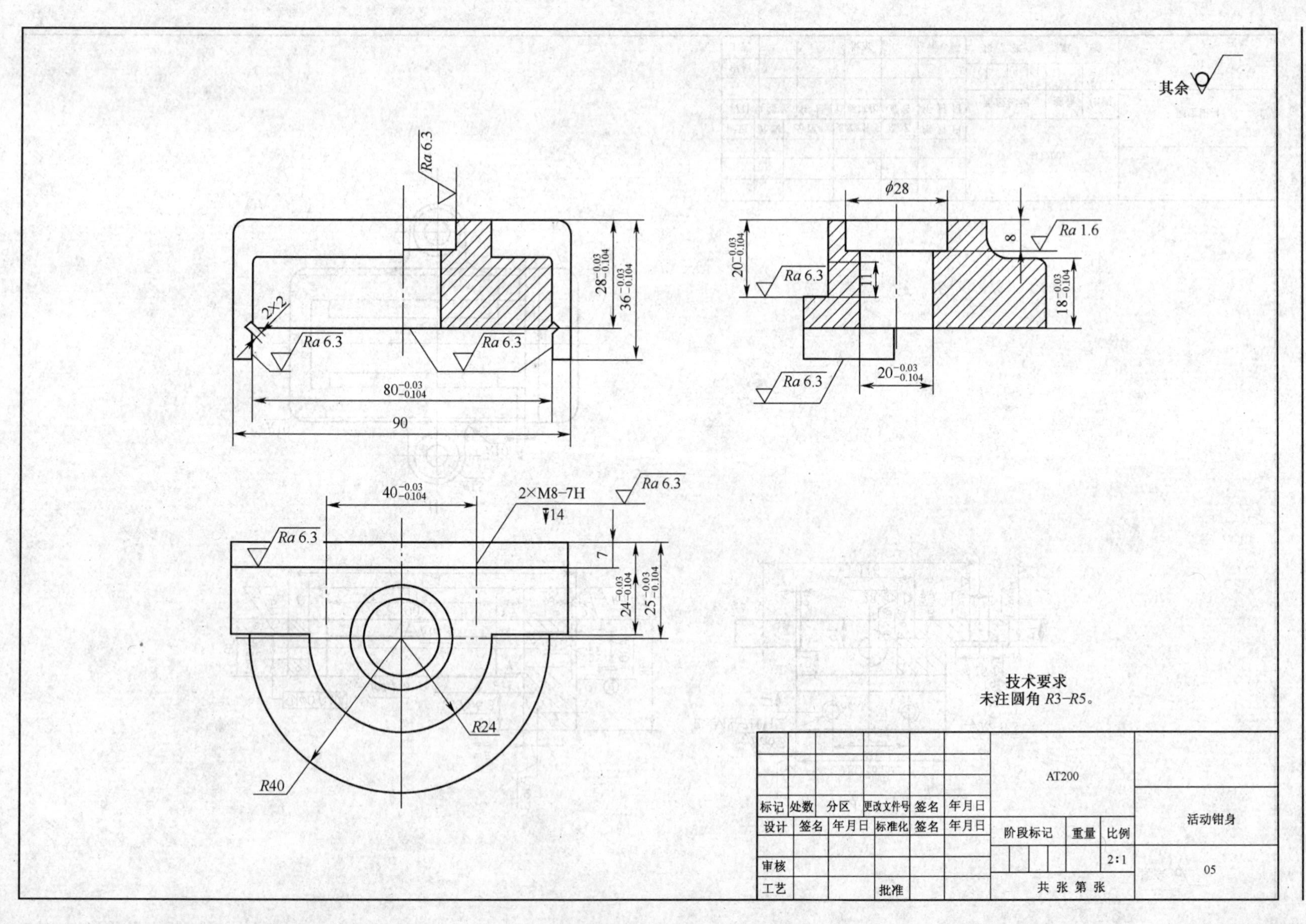
其余
Ra 6.3
2×2
28−0.03 −0.104
36−0.03 −0.104
80−0.03 −0.104
90
ϕ28
8
Ra 1.6
20−0.03 −0.104
11
18−0.03 −0.104
40−0.03 −0.104
2×M8−7H
▼14
7
24−0.03 −0.104
25−0.03 −0.104
R24
R40
技术要求
未注圆角 R3−R5。
AT200
标记 处数 分区 更改文件号 签名 年月日
设计 签名 年月日 标准化 签名 年月日
阶段标记 重量 比例
2:1
活动钳身
05
审核
工艺 批准
共 张 第 张

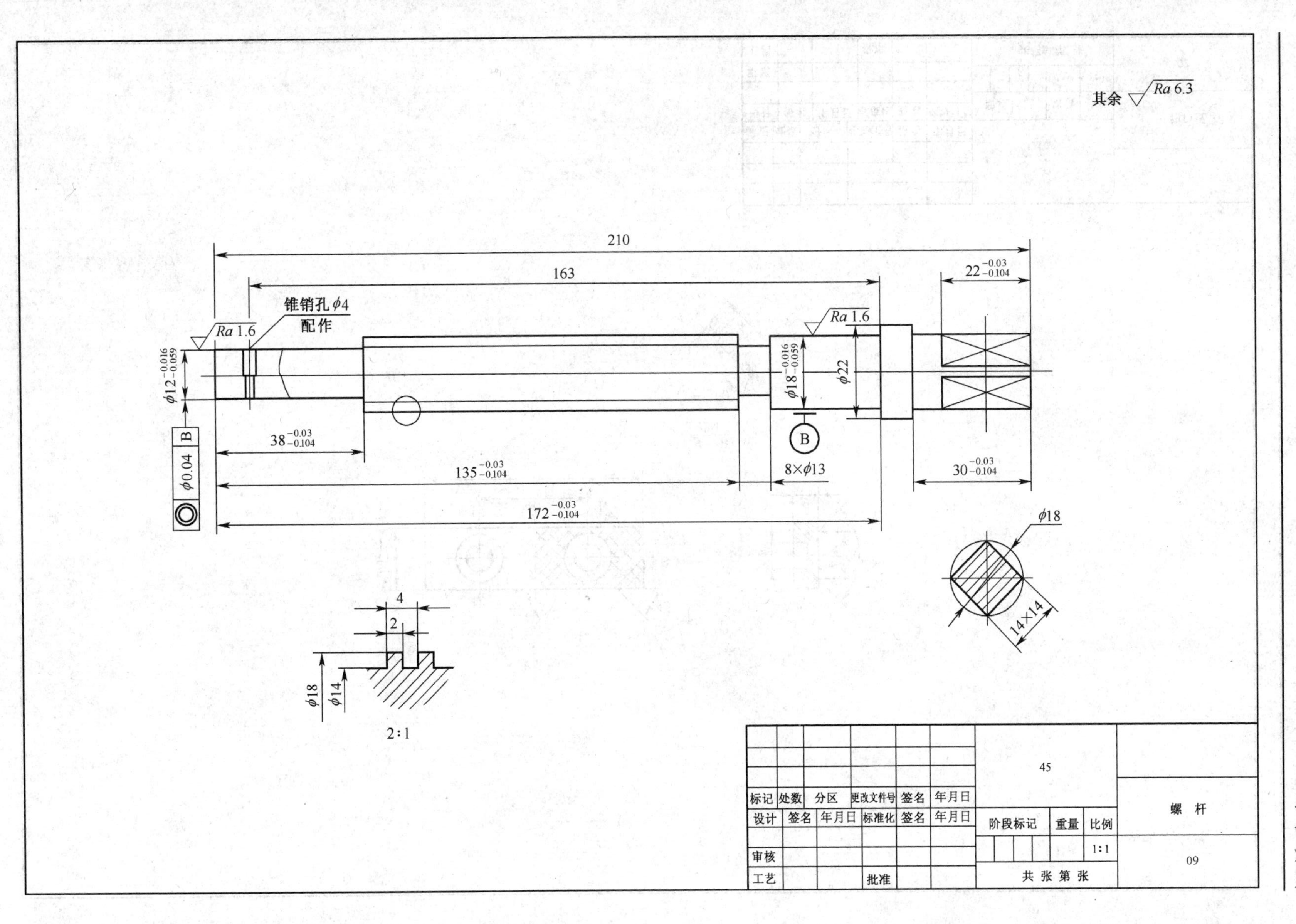
其余 Ra 6.3
210
163
22 -0.03 -0.104
锥销孔 φ4
配作
Ra 1.6
Ra 1.6
φ12 -0.016 -0.059
φ18 -0.016 -0.059
φ22
B
φ0.04
38 -0.03 -0.104
135 -0.03 -0.104
8×φ13
30 -0.03 -0.104
172 -0.03 -0.104
φ18
14×14
4
2
φ18
φ14
2:1
45
标记 处数 分区 更改文件号 签名 年月日
设计 签名 年月日 标准化 签名 年月日
阶段标记 重量 比例
1:1
审核
工艺
批准
共 张 第 张
螺杆
09

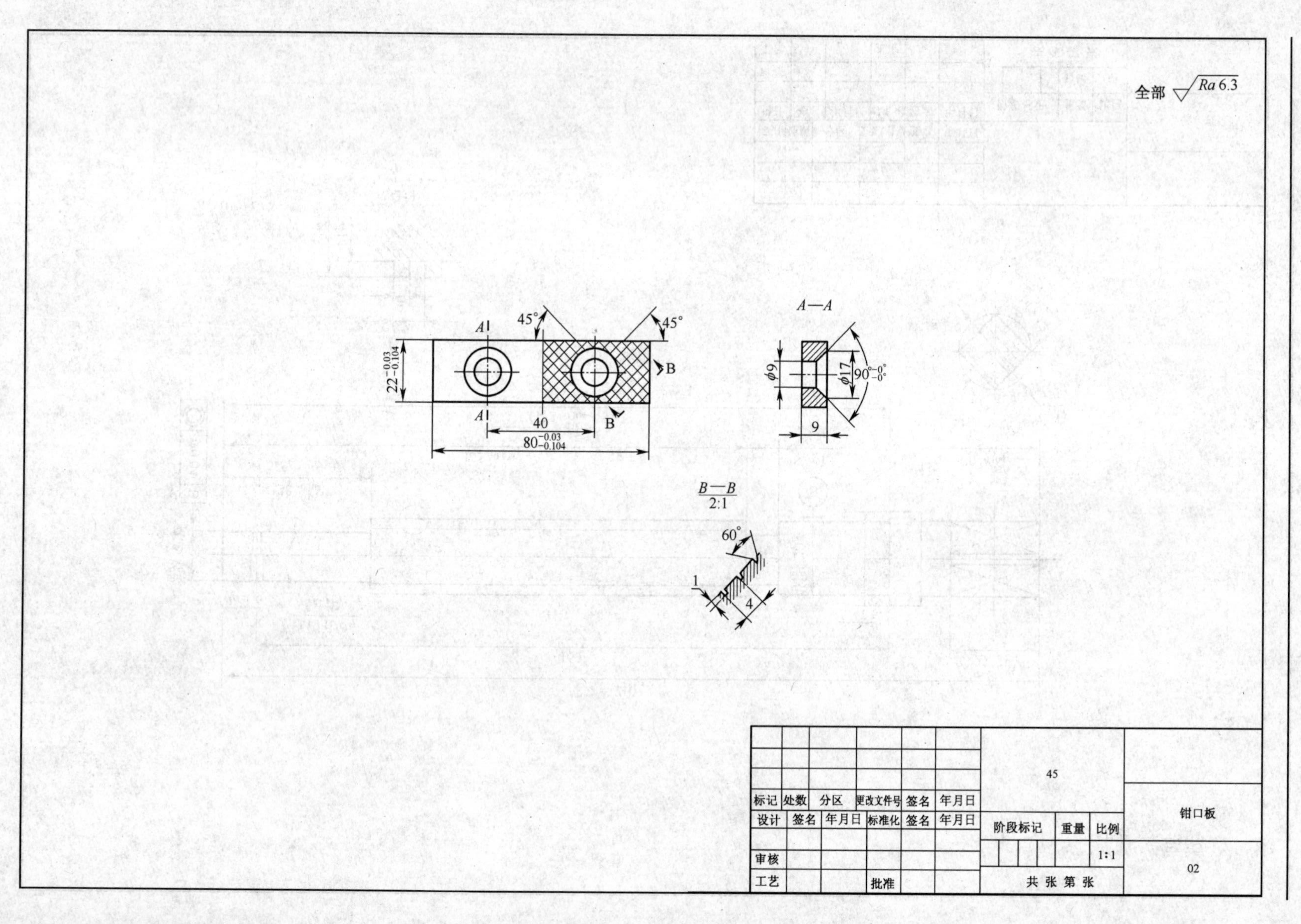
全部 Ra 6.3
A—A
45°
45°
A
A
B
B
40
$22^{-0.03}_{-0.104}$
$80^{-0.03}_{-0.104}$
$\phi9$
$\phi17$
$90^{\circ}{}^{-0^{\circ}}_{-0^{\circ}}$
9
B—B
2:1
60°
1
4
标记
处数
分区
更改文件号
签名
年月日
设计
签名
年月日
标准化
签名
年月日
审核
工艺
批准
45
阶段标记
重量
比例
1:1
共 张 第 张
钳口板
02

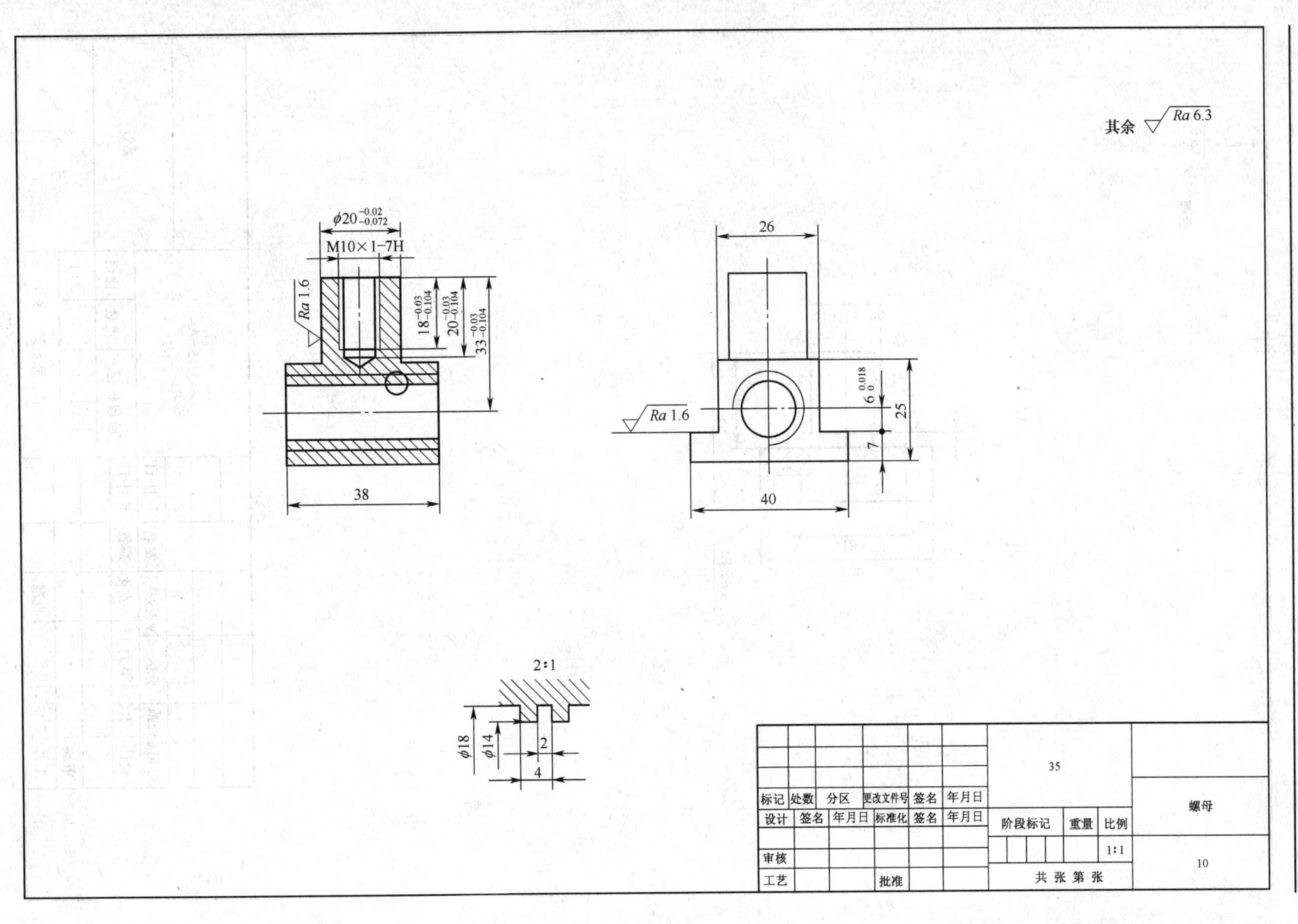
其余 Ra 6.3
φ20 -0.02 -0.072
M10×1-7H
Ra 1.6
18 -0.03 -0.104
20 -0.03 -0.104
33 -0.03 -0.104
38
26
Ra 1.6
6 0.018 0
25
7
40
2:1
φ18
φ14
2
4
35
螺母
标记
处数
分区
更改文件号
签名
年月日
设计
签名
年月日
标准化
签名
年月日
阶段标记
重量
比例
1:1
审核
工艺
批准
共 张 第 张
10

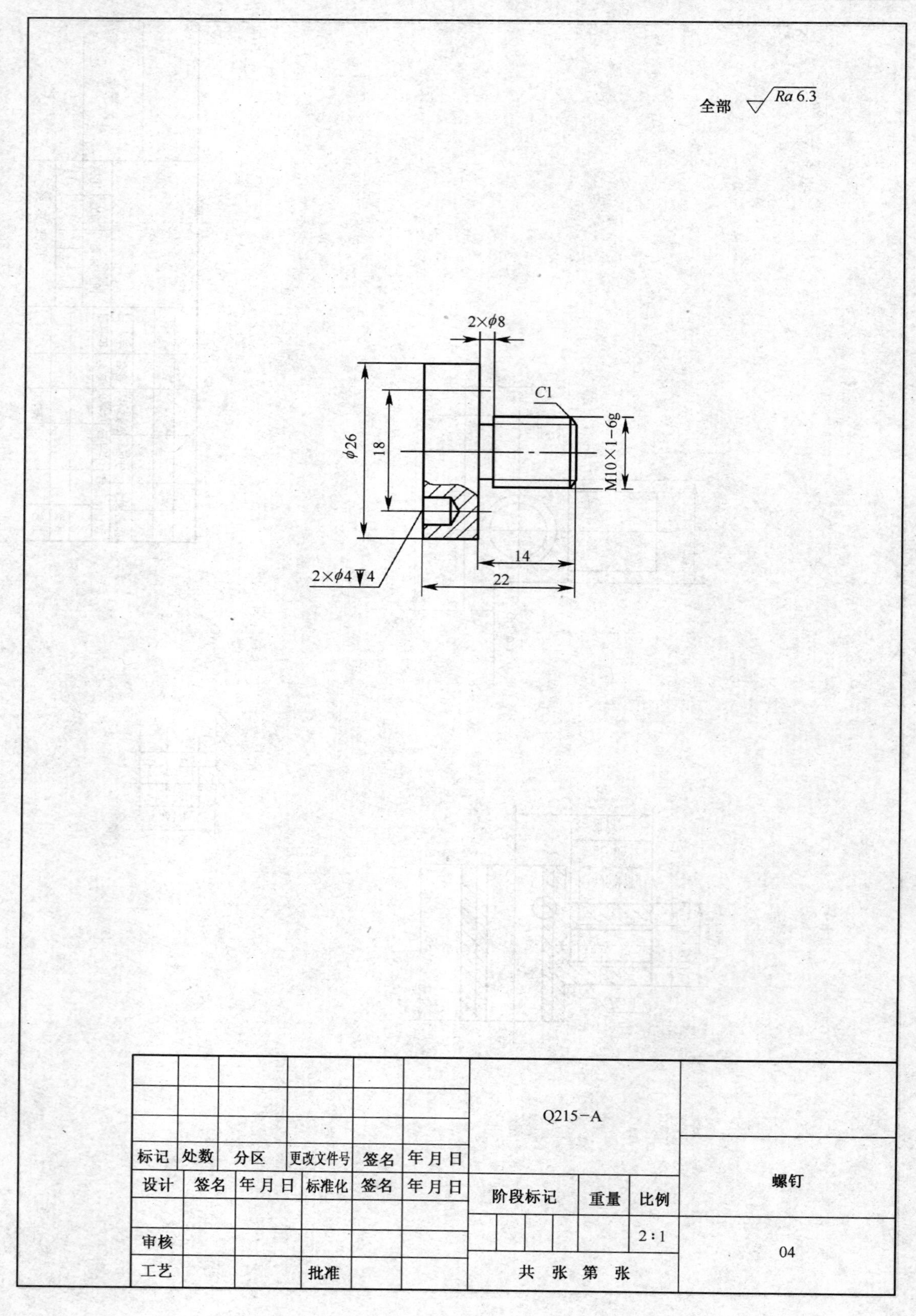
全部 Ra 6.3
2×φ8
C1
φ26
18
M10×1−6g
2×φ4↧4
14
22
Q215−A
标记 处数 分区 更改文件号 签名 年月日
设计 签名 年月日 标准化 签名 年月日
阶段标记 重量 比例
审核
2:1
工艺 批准
共 张 第 张
螺钉
04

全部 $\sqrt{Ra\ 6.3}$

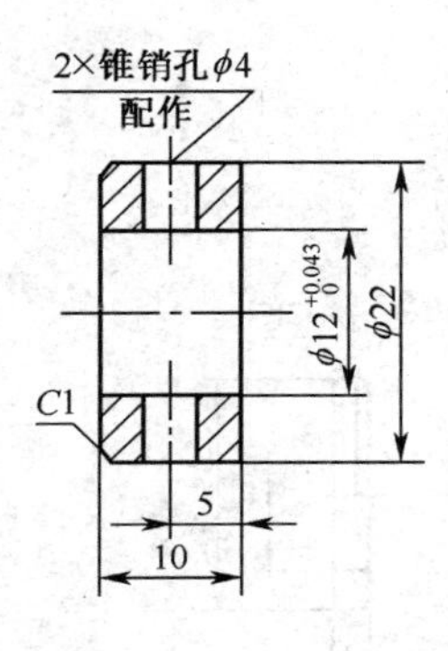

<table>
<tr><td></td><td></td><td></td><td></td><td></td><td></td><td colspan="3" rowspan="4">Q215-A</td><td rowspan="3"></td></tr>
<tr><td></td><td></td><td></td><td></td><td></td><td></td></tr>
<tr><td></td><td></td><td></td><td></td><td></td><td></td></tr>
<tr><td>标记</td><td>处数</td><td>分区</td><td>更改文件号</td><td>签名</td><td>年 月 日</td><td rowspan="2">圆环</td></tr>
<tr><td>设计</td><td>签名</td><td>年 月 日</td><td>标准化</td><td>签名</td><td>年 月 日</td><td>阶段标记</td><td>重量</td><td>比例</td></tr>
<tr><td></td><td></td><td></td><td></td><td></td><td></td><td></td><td></td><td>2∶1</td><td rowspan="3">01</td></tr>
<tr><td>审核</td><td></td><td></td><td></td><td></td><td></td><td></td><td></td><td></td></tr>
<tr><td>工艺</td><td></td><td></td><td>批准</td><td></td><td></td><td colspan="3">共 张 第 张</td></tr>
</table>

全部 $\sqrt{Ra\,6.3}$

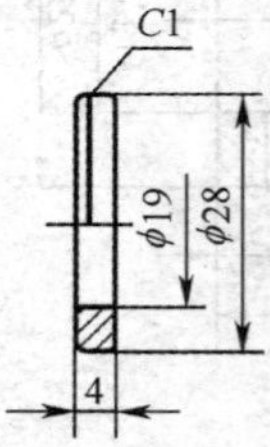

C1

$\phi19$ $\phi28$

4

标记	处数	分区	更改文件号	签名	年月日	Q215-A			垫圈
设计	签名	年月日	标准化	签名	年月日	阶段标记	重量	比例	
								2:1	
审核									11
工艺			批准			共 张 第 张			

综合实训四　绘制减速器装配图

一、实训内容

绘制减速器装配图（见附图 c）。

二、实训目的

通过绘制减速器装配图，进一步掌握装配图的画图方法和步骤，掌握图样之间的调用插入的方法。

三、实训目的及要求

① 看懂装配图，进入 AutoCAD，设置绘图环境。
② 绘制装配图中的各种零件图，编号存盘。
③ 按照徒手画装配图的顺序，将零件图案装配图顺序一一调入到装配图中（注意各图样之间的比例关系）。
④ 对转配到一起的各零件图进行修改（判别可见性、剖面符号的正确处理等）。
⑤ 标注必要尺寸。
⑥ 标写零件序号，注写技术要求。
⑦ 填写标题栏与明细栏。
⑧ 注意掌握图样之间的调用和插入方法。
⑨ 绘制完成后附名存盘，退出 AutoCAD。

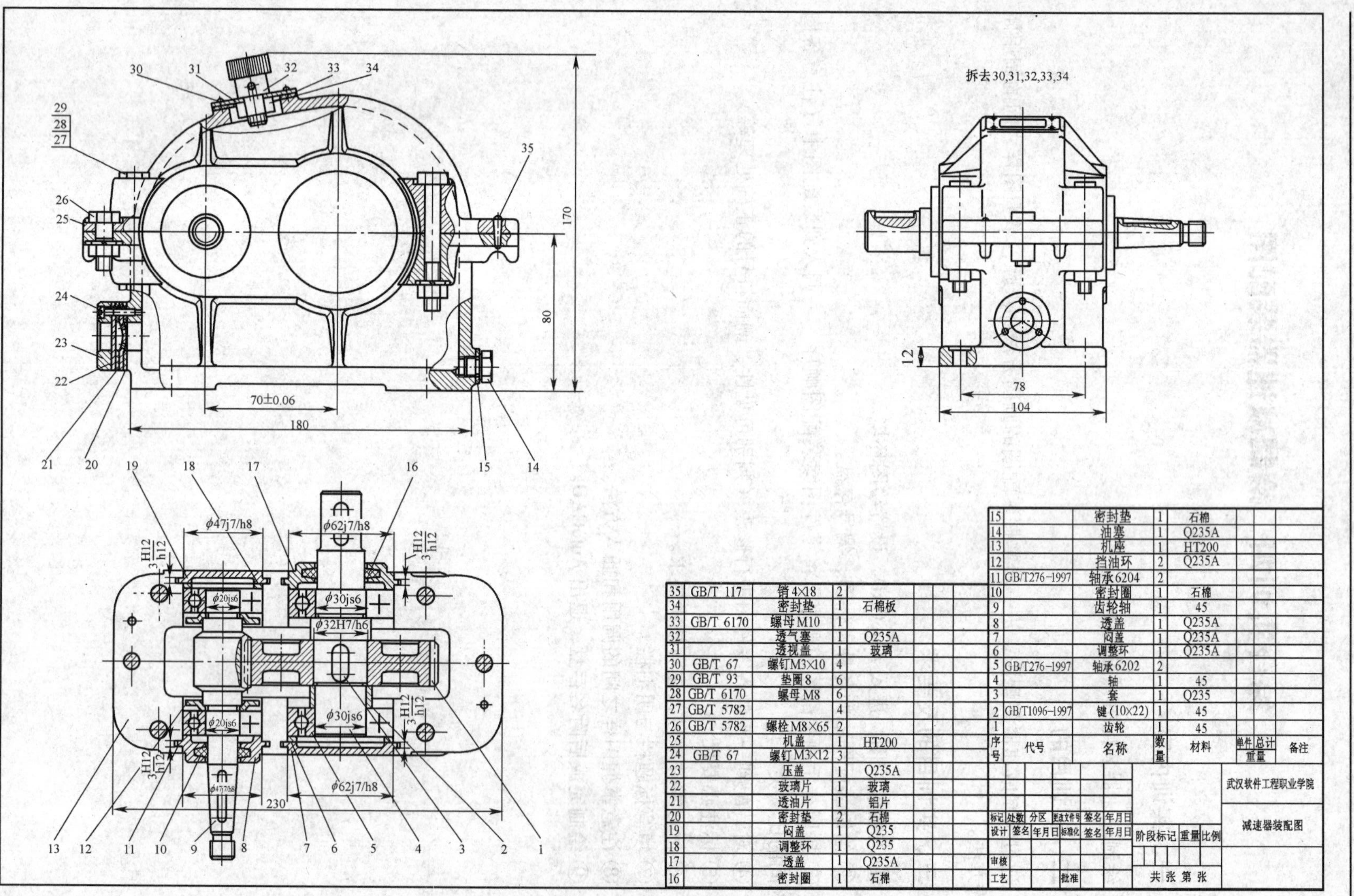

序号	代号	名称	数量	材料	单件重量	总计重量	备注
35	GB/T 117	销4×18	2				
34		密封垫	1	石棉板			
33	GB/T 6170	螺母M10	1				
32		透气塞	1	Q235A			
31		透视盖	1	玻璃			
30	GB/T 67	螺钉M3×10	4				
29	GB/T 93	垫圈8	6				
28	GB/T 6170	螺母M8	6				
27	GB/T 5782		4				
26	GB/T 5782	螺栓M8×65	2				
25		机盖	1	HT200			
24	GB/T 67	螺钉M3×12	3				
23		压盖	1	Q235A			
22		玻璃片	1	玻璃			
21		透油片	1	铝片			
20		密封垫	2	石棉			
19		闷盖	1	Q235			
18		调整环	1	Q235			
17		透盖	1	Q235A			
16		密封圈	1	石棉			
15		密封垫	1	石棉			
14		油塞	1	Q235A			
13		机座	1	HT200			
12		挡油环	2	Q235A			
11	GB/T276-1997	轴承6204	2				
10		密封圈	1	石棉			
9		齿轮轴	1	45			
8		透盖	1	Q235A			
7		闷盖	1	Q235A			
6		调整环	1	Q235A			
5	GB/T276-1997	轴承6202	2				
4		轴	1	45			
3		套	1	Q235			
2	GB/T1096-1997	键(10×22)	1	45			
1		齿轮	1	45			

附图 c　绘制减速器装配图

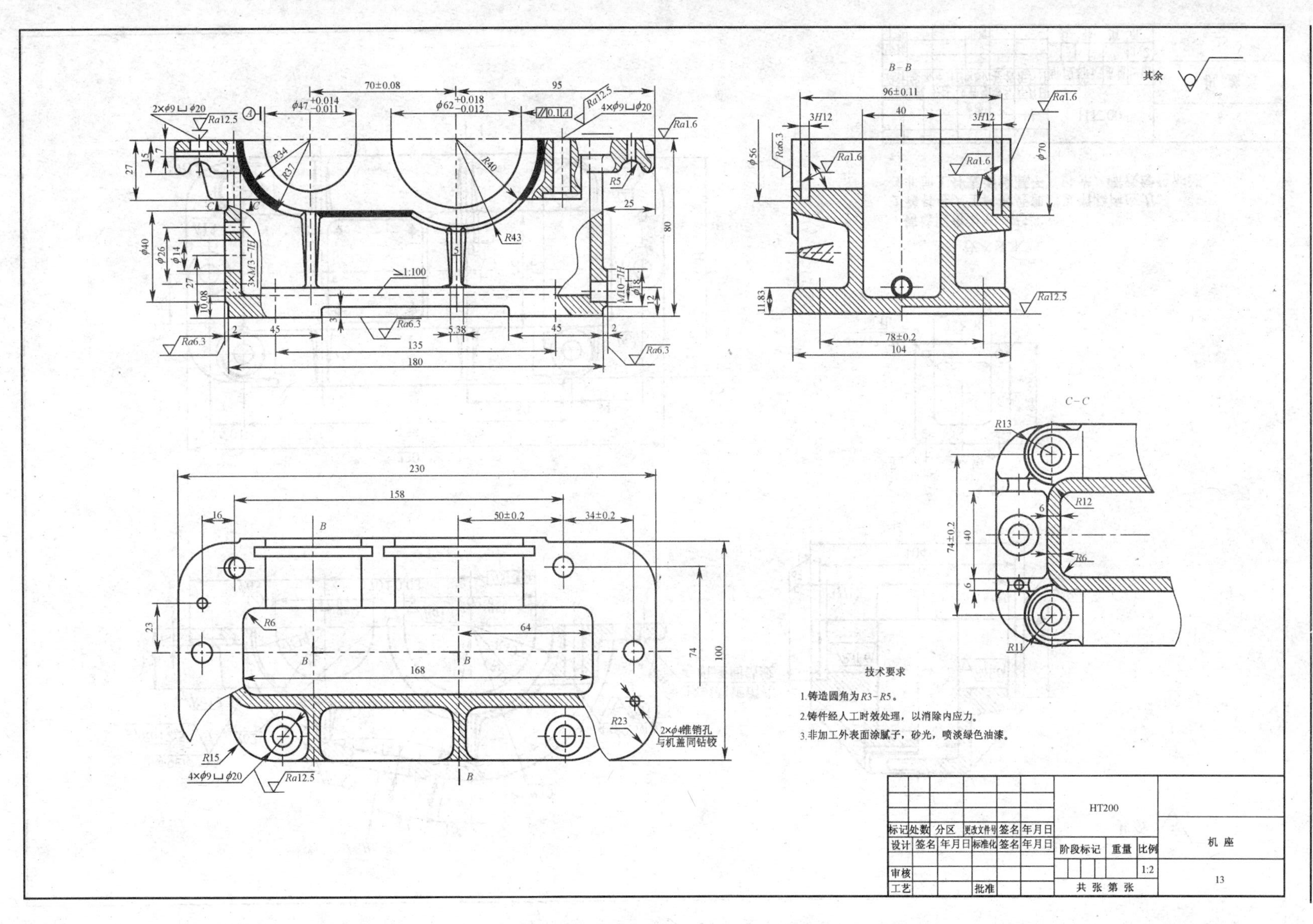

B–B
C–C
其余
技术要求
1.铸造圆角为R3~R5。
2.铸件经人工时效处理，以消除内应力。
3.非加工外表面涂腻子，砂光，喷淡绿色油漆。
2×ϕ4锥销孔
与机盖同钻铰
HT200
标记 处数 分区 更改文件号 签名 年月日
设计 签名 年月日 标准化 签名 年月日
阶段标记 重量 比例
审核
工艺 批准
1:2
共 张 第 张
机座
13

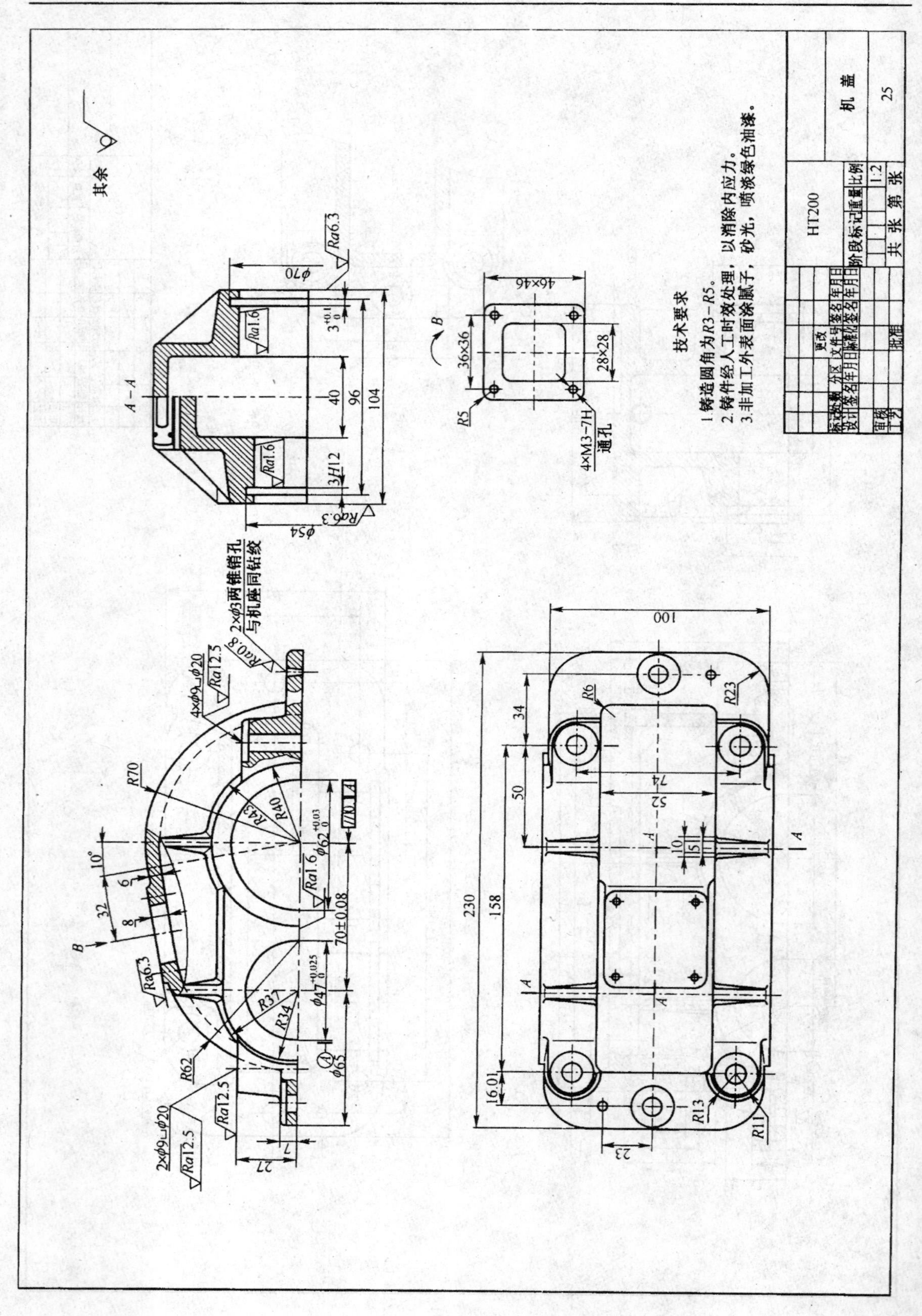

其余
A－A
B
技术要求
1.铸造圆角为R3－R5。
2.铸件经人工时效处理，以消除内应力。
3.非加工外表面涂腻子，砂光，喷涂绿色油漆。
2×φ3两锥销孔
与机座同钻铰
4×M3-7H
通孔
HT200
机盖
1:2
25

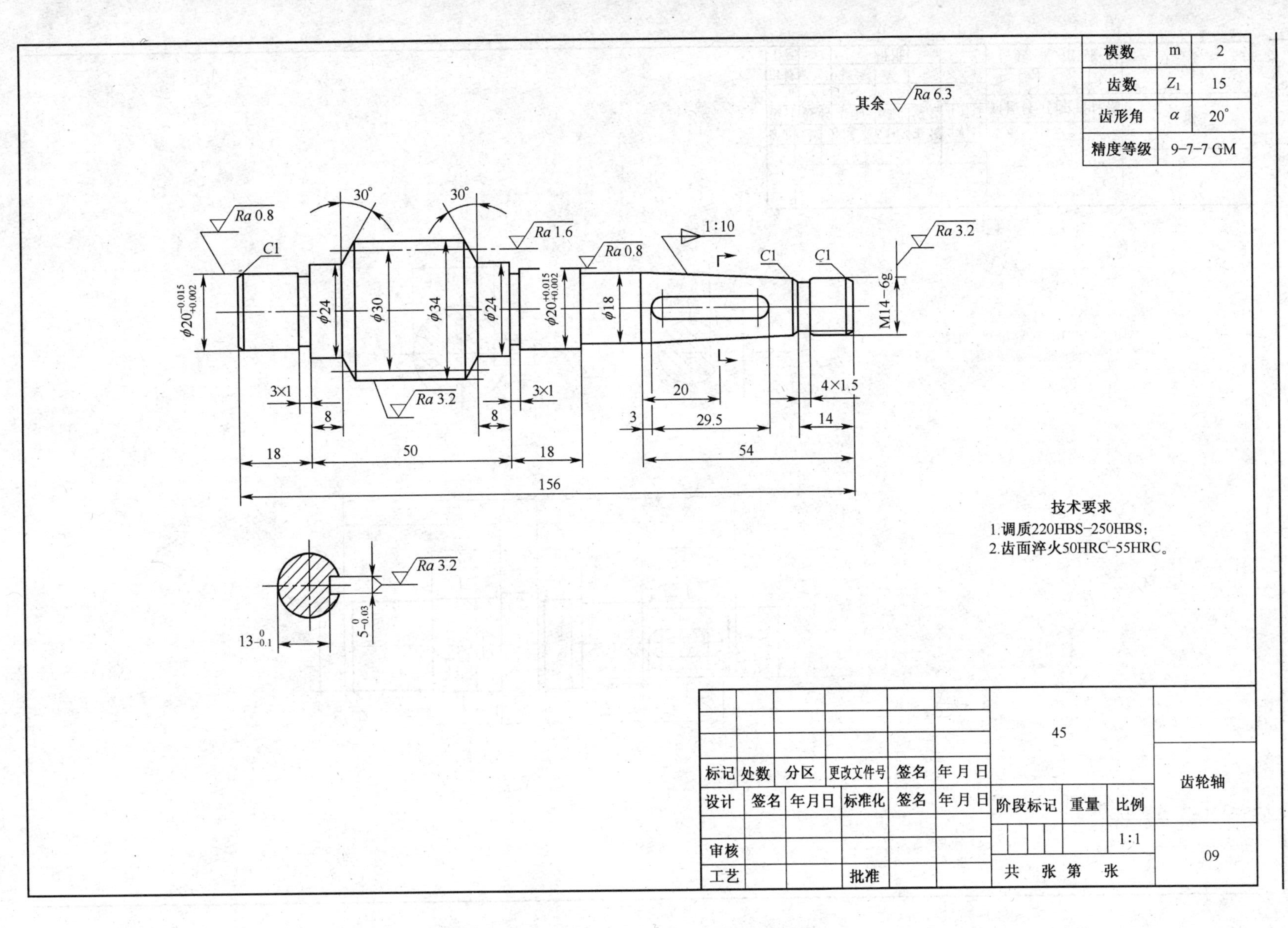

模数 m 2
齿数 Z1 15
齿形角 α 20°
精度等级 9-7-7 GM
其余 Ra 6.3
Ra 0.8
C1
30°
30°
Ra 1.6
Ra 0.8
1:10
C1
C1
Ra 3.2
φ20+0.015+0.002
φ24
φ30
φ34
φ24
φ20+0.015+0.002
φ18
M14-6g
3×1
Ra 3.2
3×1
20
4×1.5
8
8
3
29.5
14
18
50
18
54
156
技术要求
1.调质220HBS-250HBS;
2.齿面淬火50HRC-55HRC。
Ra 3.2
13 0 -0.1
5 0 -0.03
45
标记 处数 分区 更改文件号 签名 年月日
设计 签名 年月日 标准化 签名 年月日
阶段标记 重量 比例
1:1
齿轮轴
09
审核
工艺 批准
共 张 第 张

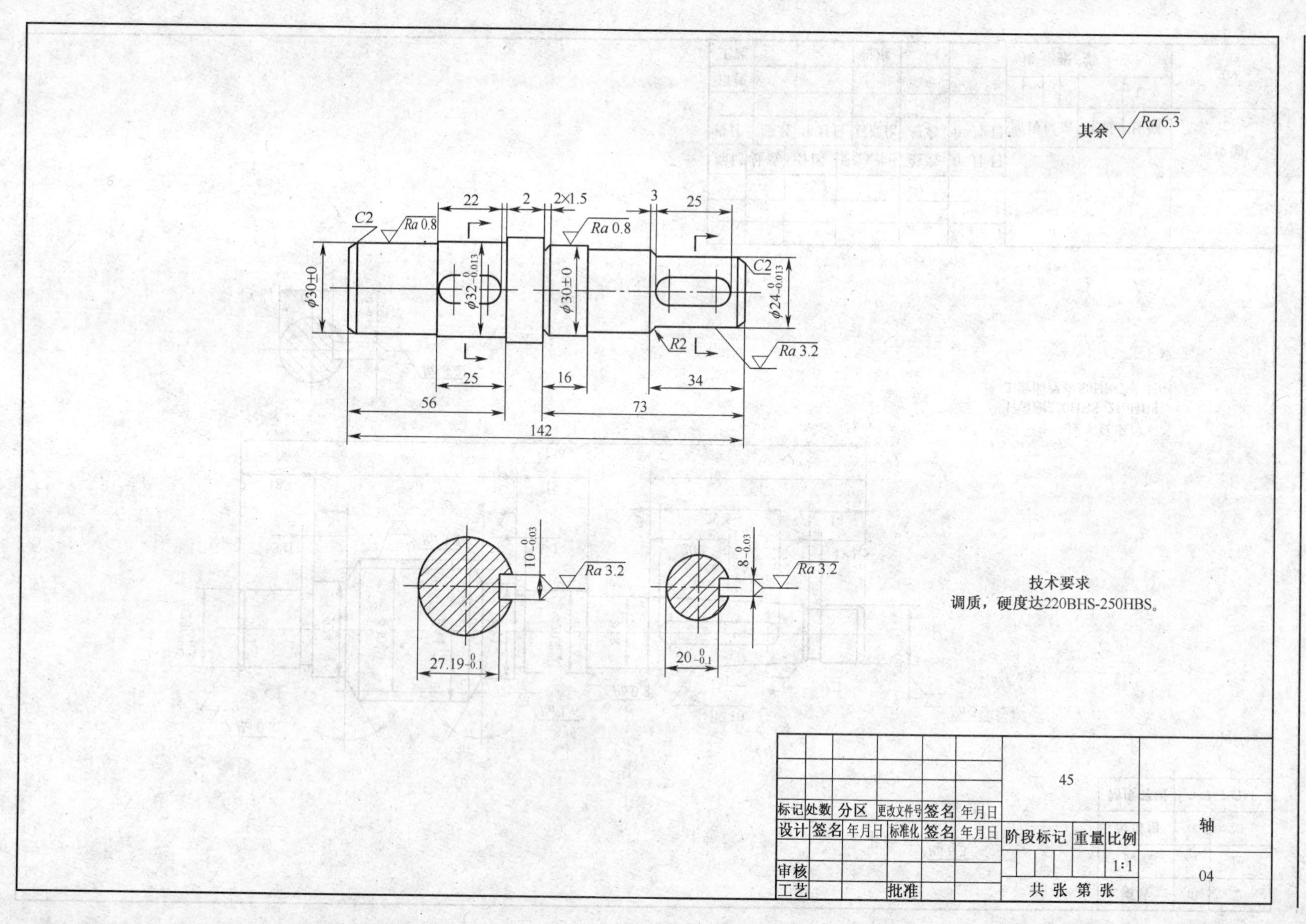

标记	处数	分区	更改文件号	签名	年月日	45			轴
设计	签名	年月日	标准化	签名	年月日	阶段标记	重量	比例	
								1:1	04
审核									
工艺			批准			共 张 第 张			

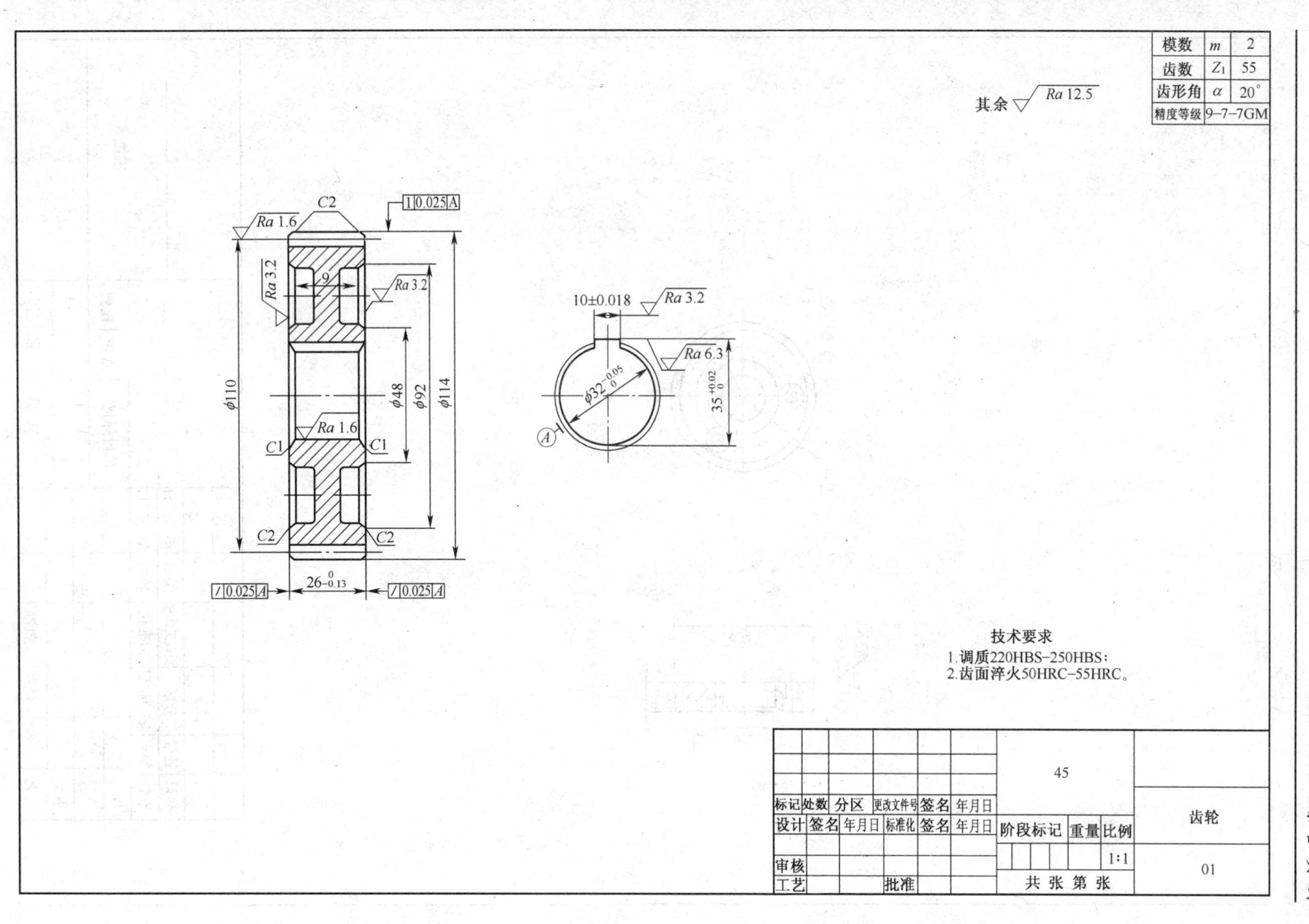

模数 m 2
齿数 Z1 55
齿形角 α 20°
精度等级 9-7-7GM
其余 Ra 12.5
C2
1 0.025 A
Ra 1.6
Ra 3.2
9
Ra 3.2
φ110
φ48
φ92
φ114
Ra 1.6
C1
C1
C2
C2
26-0.13
/ 0.025 A
/ 0.025 A
10±0.018
Ra 3.2
Ra 6.3
φ32
35+0.02
A
技术要求
1.调质220HBS–250HBS；
2.齿面淬火50HRC–55HRC。
45
齿轮
01
标记 处数 分区 更改文件号 签名 年月日
设计 签名 年月日 标准化 签名 年月日 阶段标记 重量 比例
1:1
审核
工艺 批准 共 张 第 张

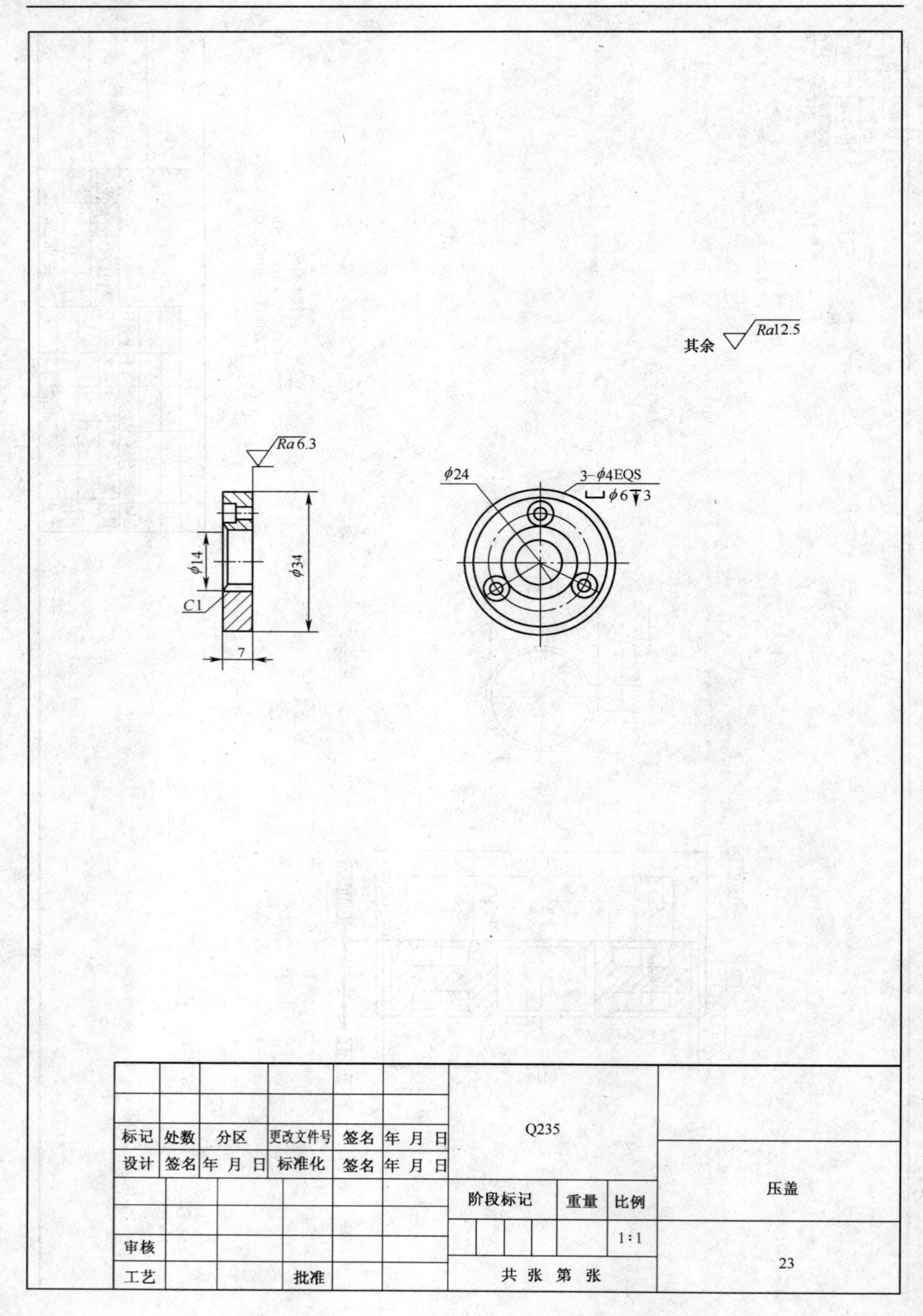
其余 Ra12.5
Ra6.3
φ14
φ34
C1
7
φ24
3-φ4EQS
φ6 3
标记 处数 分区 更改文件号 签名 年 月 日
设计 签名 年 月 日 标准化 签名 年 月 日
审核
工艺
批准
Q235
阶段标记 重量 比例
1:1
共 张 第 张
压盖
23

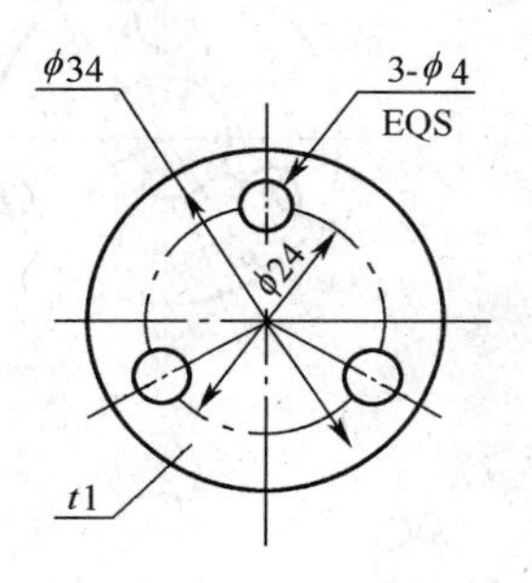

						玻璃				
标记	处数	分区	更改文件号	签名	年 月 日					玻璃片
设计	签名	年 月 日	标准化	签名	年 月 日	阶段标记		重量	比例	
									1:1	
审核										22
工艺			批准			共 张 第 张				

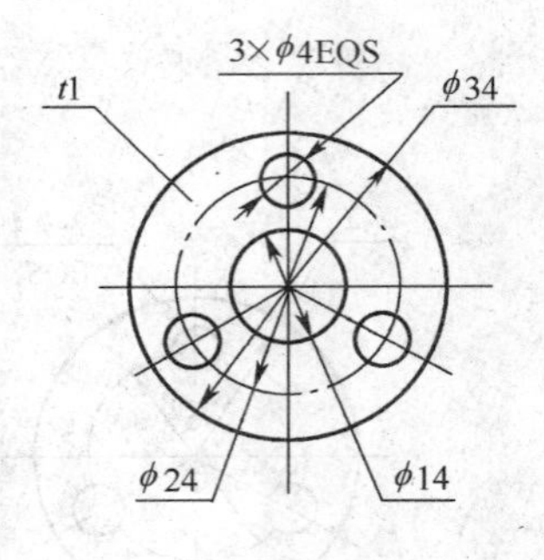

<table>
<tr><td></td><td></td><td></td><td></td><td></td><td></td><td colspan="4" rowspan="3">石棉</td><td rowspan="2"></td></tr>
<tr><td></td><td></td><td></td><td></td><td></td><td></td></tr>
<tr><td>标记</td><td>处数</td><td>分区</td><td>更改文件号</td><td>签名</td><td>年 月 日</td><td rowspan="2">密封垫</td></tr>
<tr><td>设计</td><td>签名</td><td>年 月 日</td><td>标准化</td><td>签名</td><td>年 月 日</td><td colspan="2">阶段标记</td><td>重量</td><td>比例</td></tr>
<tr><td>审核</td><td></td><td></td><td></td><td></td><td></td><td colspan="2"></td><td></td><td>1:1</td><td rowspan="2">20</td></tr>
<tr><td>工艺</td><td></td><td></td><td>批准</td><td></td><td></td><td colspan="4">共 张 第 张</td></tr>
</table>

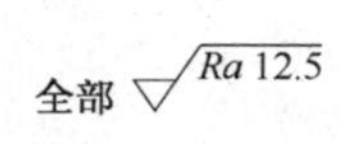

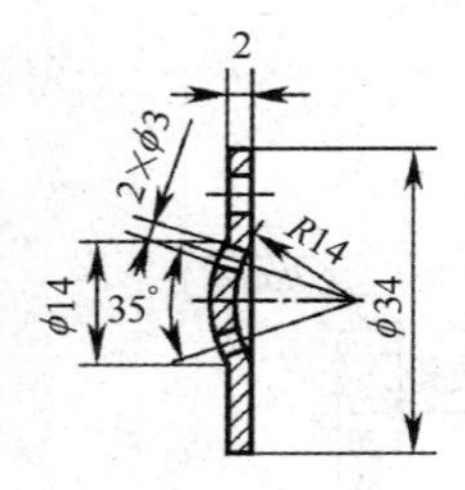

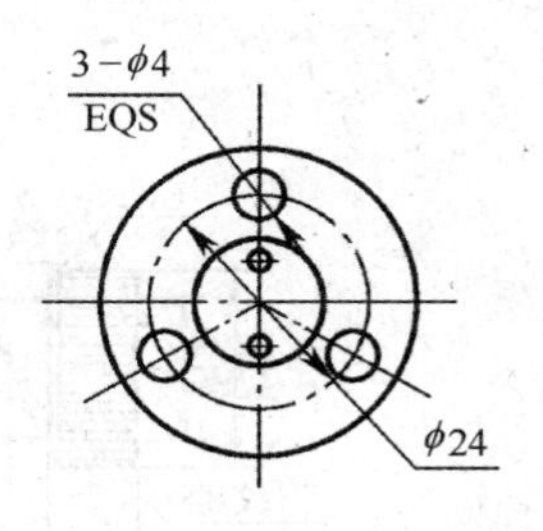

						铝	
标记	处数	分区	更改文件号	签名	年月日		透油片
设计	签名	年月日	标准化	签名	年月日	阶段标记 重量 比例	
						1:1	21
审核							
工艺			批准			共 张 第 张	

其余 $\sqrt{Ra\ 12.5}$

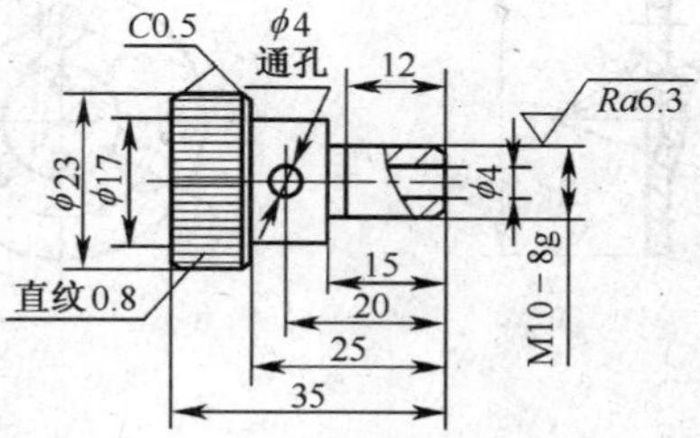

C0.5
ϕ4
通孔
12
Ra6.3
ϕ23
ϕ17
ϕ4
直纹 0.8
15
20
25
35
M10－8g

						Q235			
标记	处数	分区	更改文件号	签名	年月日				
设计	签名	年月日	标准化	签名	年月日	阶段标记	重量	比例	透气塞
								1:1	
审核									32
工艺			批准			共 张 第 张			

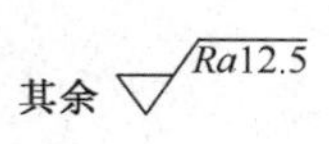

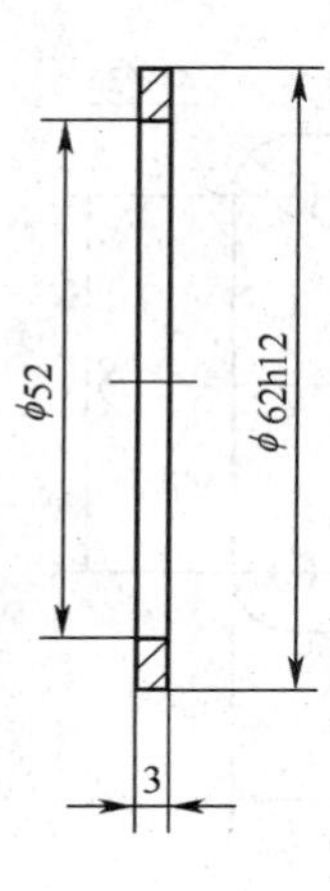

						Q235	
标记	处数	分区	更改文件号	签名	年 月 日		调整环
设计	签名	年 月 日	标准化	签名	年 月 日	阶段标记 | 重量 | 比例	
						1∶1	06
审核							
工艺			批准			共 张 第 张	

全部 $\sqrt{Ra12.5}$

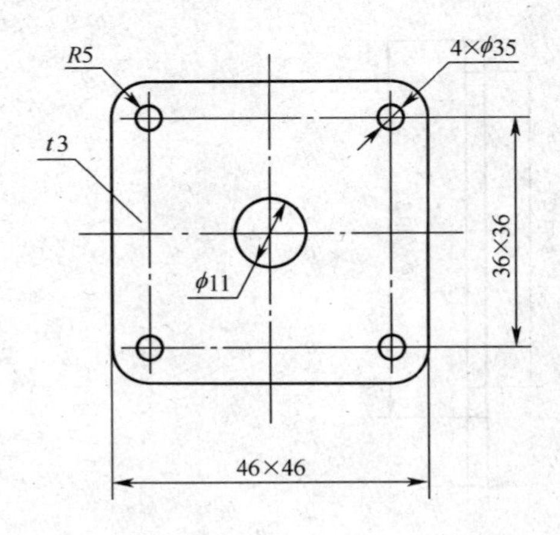

<table>
<tr><td></td><td></td><td></td><td></td><td></td><td></td><td colspan="4" rowspan="4">玻璃</td><td rowspan="2"></td></tr>
<tr><td></td><td></td><td></td><td></td><td></td><td></td></tr>
<tr><td></td><td></td><td></td><td></td><td></td><td></td><td rowspan="4">透视盖</td></tr>
<tr><td>标记</td><td>处数</td><td>分区</td><td>更改文件号</td><td>签名</td><td>年月日</td></tr>
<tr><td>设计</td><td>签名</td><td>年月日</td><td>标准化</td><td>签名</td><td>年月日</td><td>阶段标记</td><td>数量</td><td>比例</td></tr>
<tr><td></td><td></td><td></td><td></td><td></td><td></td><td rowspan="2"></td><td rowspan="2"></td><td rowspan="2">1:1</td></tr>
<tr><td>审核</td><td></td><td></td><td></td><td></td><td></td><td rowspan="2">31</td></tr>
<tr><td>工艺</td><td></td><td></td><td>批准</td><td></td><td></td><td colspan="3">共 张 第 张</td></tr>
</table>

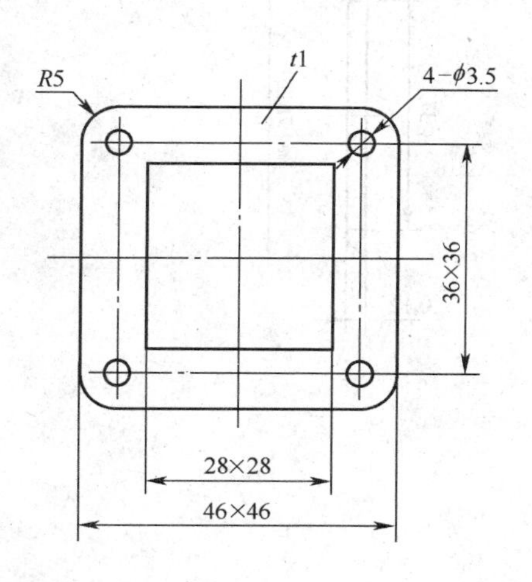

						石棉板		密封垫
标记	处数	分区	更改文件号	签名	年月日			
设计	签名	年月日	标准化	签名	年月日	阶段标记	数量	比例
								1：1
审核								34
工艺			批准			共 张 第 张		

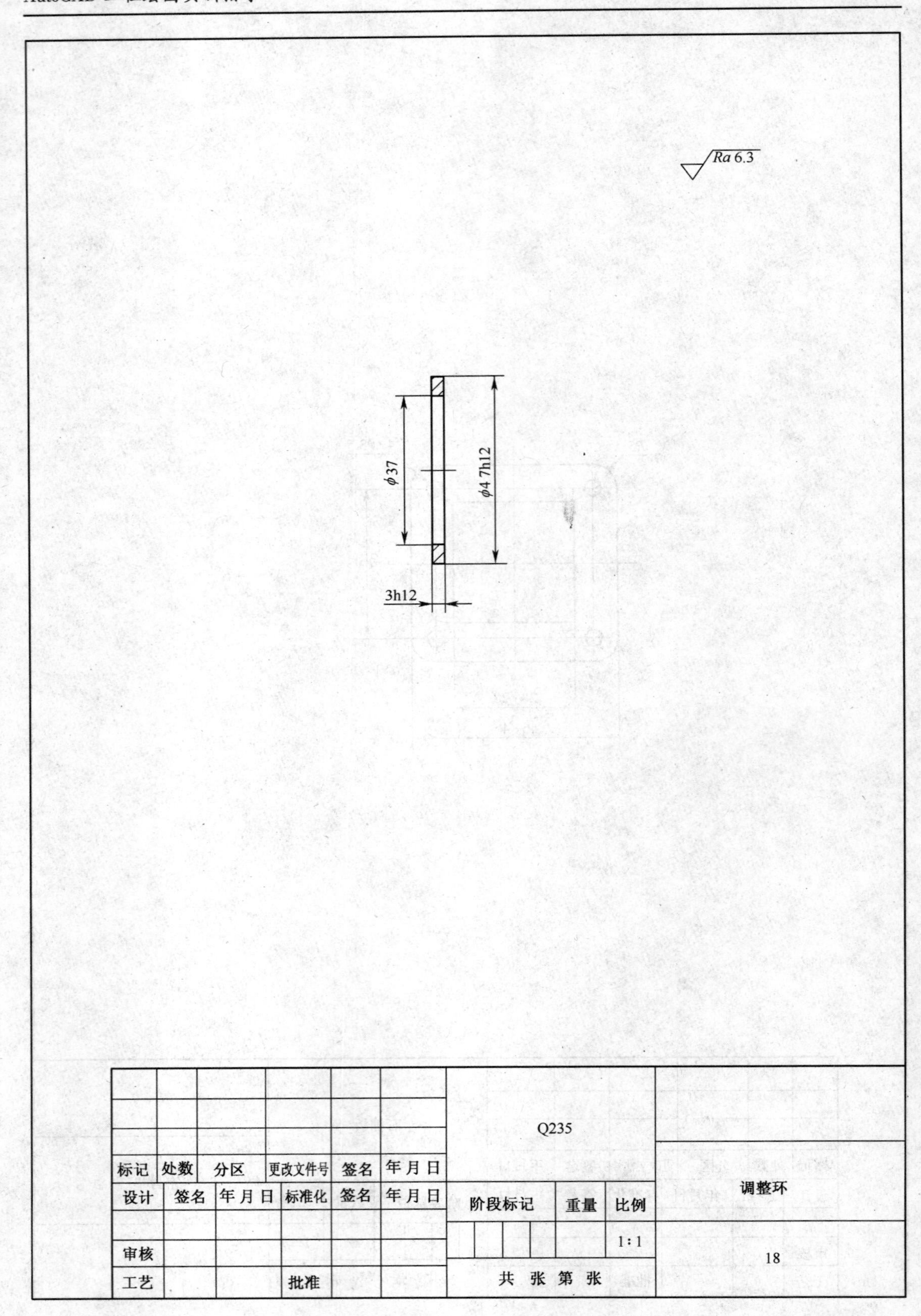
Ra 6.3
φ37
φ4 7h12
3h12
Q235
标记
处数
分区
更改文件号
签名
年 月 日
设计
签名
年 月 日
标准化
签名
年 月 日
阶段标记
重量
比例
1:1
审核
工艺
批准
共 张 第 张
调整环
18

其余 $\sqrt{Ra\ 12.5}$

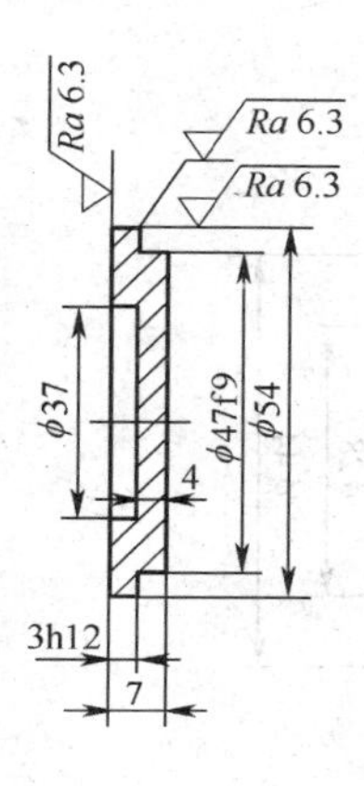

<table>
<tr><td></td><td></td><td></td><td></td><td></td><td></td><td colspan="4" rowspan="4">Q235</td><td rowspan="3"></td></tr>
<tr><td></td><td></td><td></td><td></td><td></td><td></td></tr>
<tr><td></td><td></td><td></td><td></td><td></td><td></td></tr>
<tr><td>标记</td><td>处数</td><td>分区</td><td>更改文件号</td><td>签名</td><td>年月日</td><td rowspan="2">闷盖</td></tr>
<tr><td>设计</td><td>签名</td><td>年月日</td><td>标准化</td><td>签名</td><td>年月日</td><td>阶段标记</td><td>重量</td><td>比例</td><td></td></tr>
<tr><td></td><td></td><td></td><td></td><td></td><td></td><td></td><td></td><td>1:1</td><td></td><td rowspan="3">19</td></tr>
<tr><td>审核</td><td></td><td></td><td></td><td></td><td></td><td colspan="4" rowspan="2">共 张 第 张</td></tr>
<tr><td>工艺</td><td></td><td></td><td>批准</td><td></td><td></td></tr>
</table>

全部 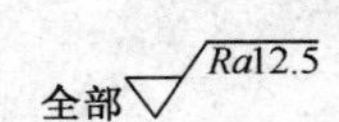

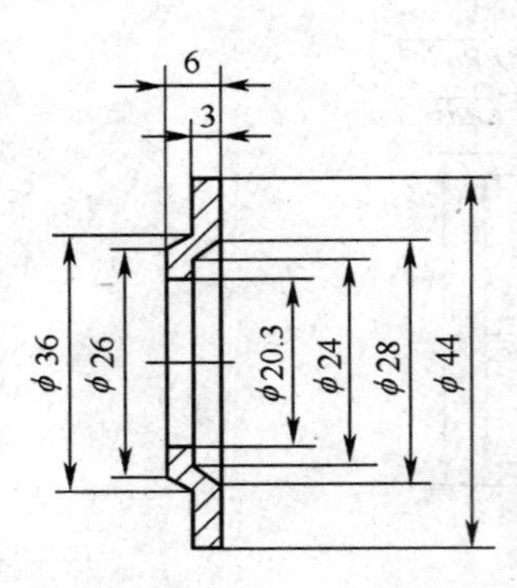

<table>
<tr><td></td><td></td><td></td><td></td><td></td><td></td><td colspan="4" rowspan="4">Q235</td><td rowspan="5">挡油环</td></tr>
<tr><td></td><td></td><td></td><td></td><td></td><td></td></tr>
<tr><td></td><td></td><td></td><td></td><td></td><td></td></tr>
<tr><td>标记</td><td>处数</td><td>分区</td><td>更改文件号</td><td>签名</td><td>年 月 日</td></tr>
<tr><td>设计</td><td>签名</td><td>年 月 日</td><td>标准化</td><td>签名</td><td>年 月 日</td><td colspan="2">阶段标记</td><td>重量</td><td>比例</td></tr>
<tr><td>审核</td><td></td><td></td><td></td><td></td><td></td><td colspan="2"></td><td></td><td>1:1</td><td>22</td></tr>
<tr><td>工艺</td><td></td><td></td><td>批准</td><td></td><td></td><td colspan="4">共 张 第 张</td><td></td></tr>
</table>

其余 $\sqrt{Ra\ 12.5}$

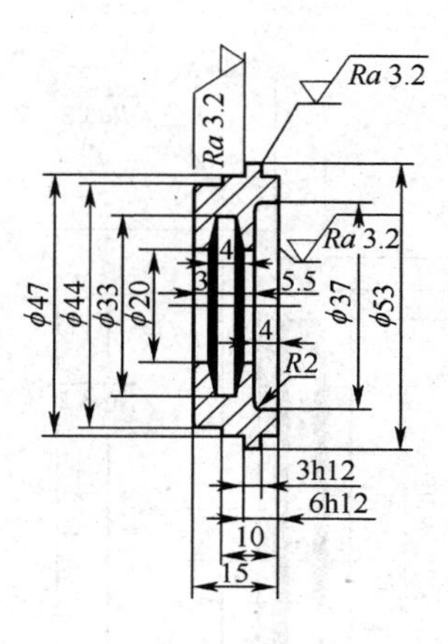

						Q235			
标记	处数	分区	更改文件号	签名	年月日				透盖
设计	签名	年月日	标准化	签名	年月日	阶段标记	重量	比例	
								1:1	08
审核									
工艺			批准			共 张 第 张			

其余 $\sqrt{Ra12.5}$

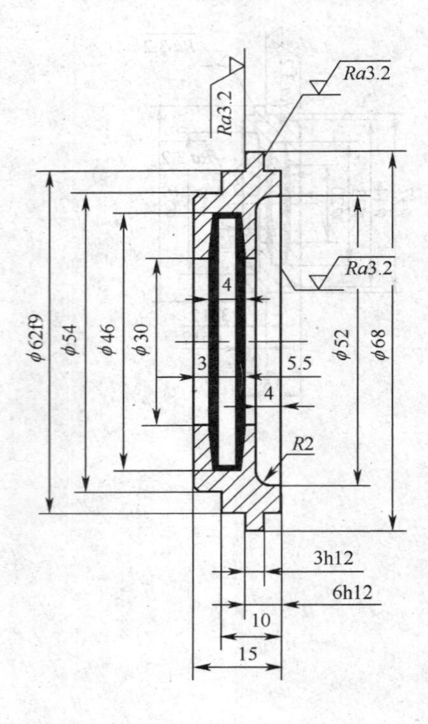

						Q235		
标记	处数	分区	更改文件号	签名	年月日			透盖
设计	签名	年月日	标准化	签名	年月日	阶段标记	重量	比例
								1:1
审核								17
工艺			批准			共 张 第 张		

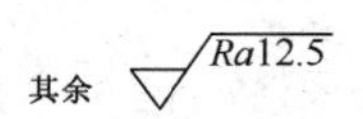

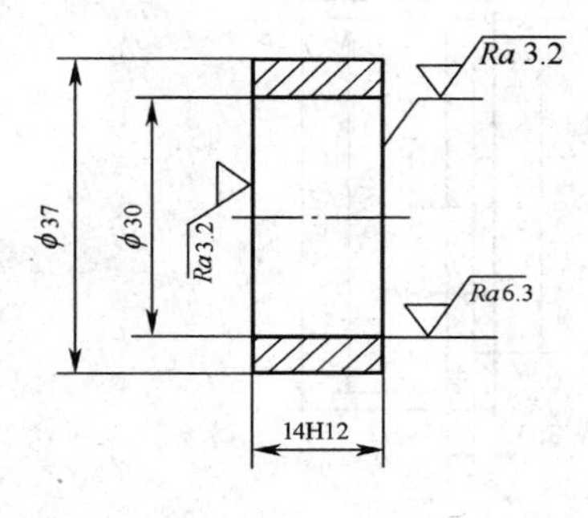

						Q235			
标记	处数	分区	更改文件号	签名	年月日				套
设计	签名	年月日	标准化	签名	年月日	阶段标记	重量	比例	
								1∶1	03
审核									
工艺			批准			共 张 第 张			

其余 $\sqrt{Ra\ 12.5}$

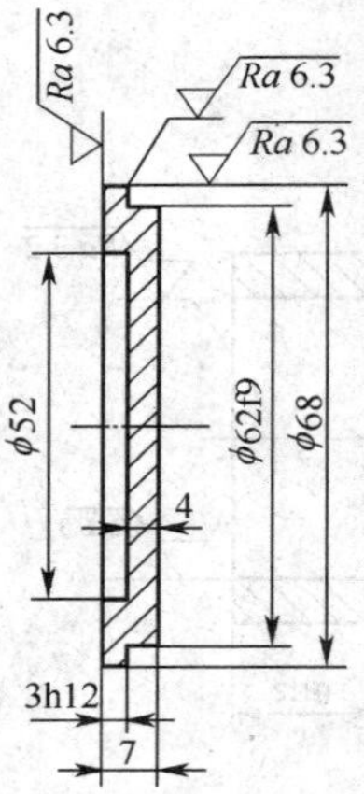

Ra 6.3

Ra 6.3

Ra 6.3

φ52

φ62f9

φ68

4

3h12

7

						Q235		
标记	处数	分区	更改文件号	签名	年月日			闷盖
设计	签名	年月日	标准化	签名	年月日	阶段标记	重量	比例
								1:1
审核								07
工艺			批准			共 张 第 张		

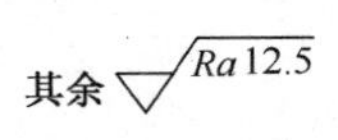

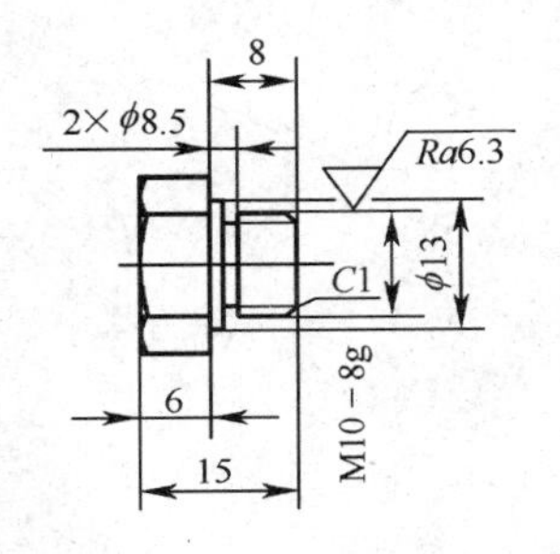

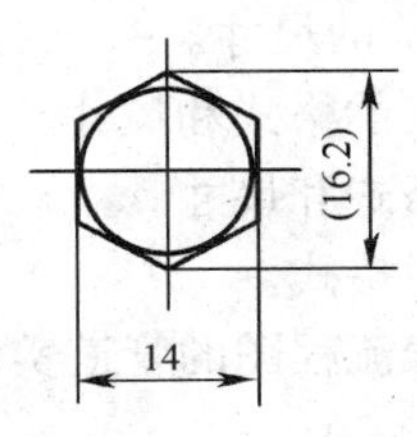

						Q235A			油塞
标记	处数	分区	更改文件号	签名	年 月 日				
设计	签名	年 月 日	标准化	签名	年 月 日	阶段标记	重量	比例	
								1∶1	14
审核									
工艺			批准			共 张 第 张			

附　录

附图 1 为图纸幅面代号及尺寸。

附图 2 为标题栏的格式和内容。

附图 3 为简化标题栏的格式和内容。

附图 4 为明细表的格式和内容。

附图 5 为 H_1、H_2、d'的尺寸。

附图 6 为技术特性表的格式和尺寸。

附图 7 为管口表的格式和尺寸。

附图 8 为简单标题栏格式。

附表 1 为管道及仪表流程图的管道实例。

附表 2 为物料代号。

附表 3 为管道材质类别。

附表 4 为管道压力等级。

附表 5 为常用阀门与管件的图示方法。

附表 6 为流量检测仪表和检出元件的图形符号。

附表 7 为仪表安装位置的图形符号。

附表 8 为部分仪表功能图例。

（单位：mm）

<table>
<tr><th>幅面代号</th><th>A0</th><th>A1</th><th>A2</th><th>A3</th><th>A4</th></tr>
<tr><td>B×L</td><td>841×1189</td><td>594×841</td><td>420×594</td><td>297×420</td><td>210×297</td></tr>
<tr><td>a</td><td colspan="5">25</td></tr>
<tr><td>c</td><td colspan="3">10</td><td colspan="2">5</td></tr>
<tr><td>e</td><td colspan="2">20</td><td colspan="3">10</td></tr>
</table>

附图 1　图纸幅面代号及尺寸

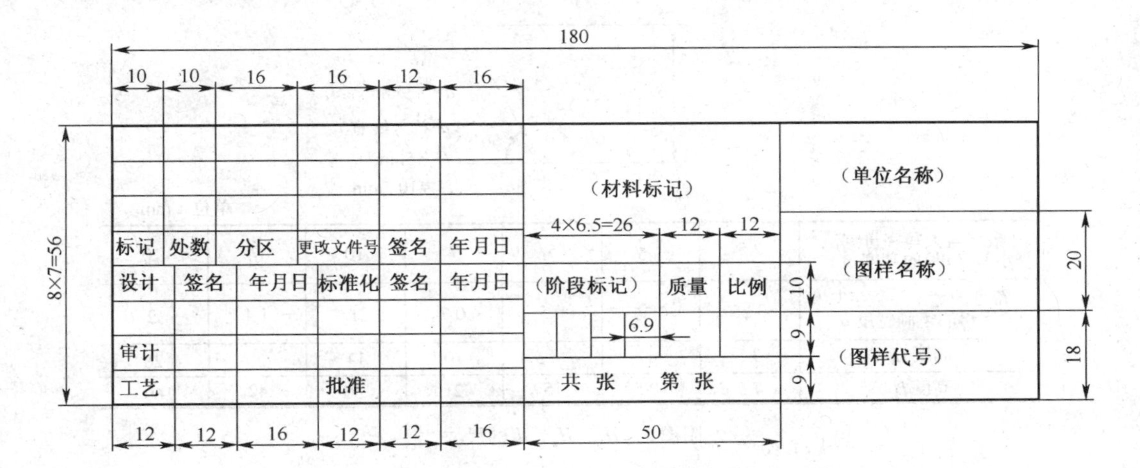

附图 2　标题栏的格式和内容

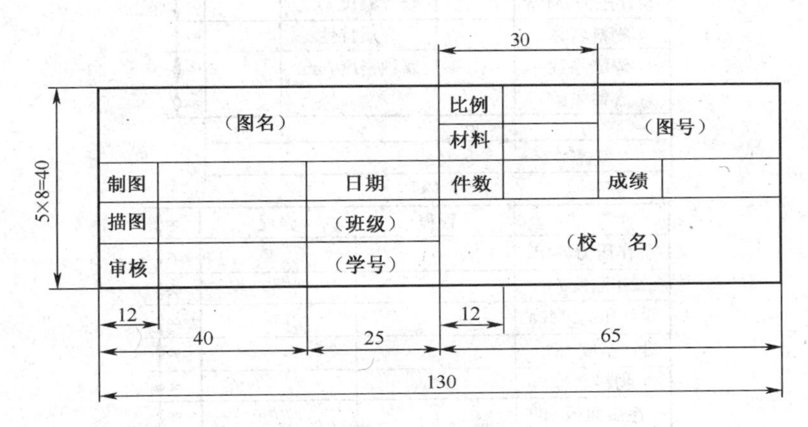

附图 3　简化标题栏的格式和内容

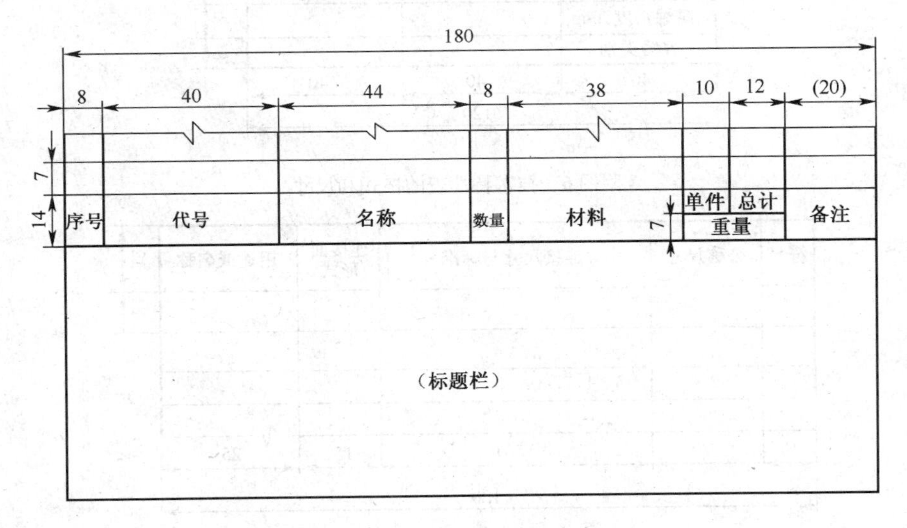

附图 4　明细表的格式和内容

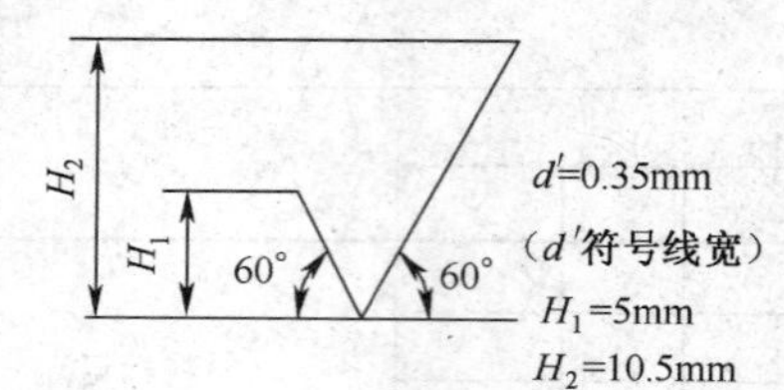

单位：mm

数字与大写字母(或小写字母)的高度 A	2.5	3.5	5	7	10	14	20
符号的宽 d'、数字与字母的笔画宽度 d	0.25	0.35	0.5	0.7	1	1.4	2
高度 H_2	3.5	5	7	10	14	20	28
高度 H_1	7.5	10.5	15	21	30	42	60

附图5　H_1、H_2、d'的尺寸

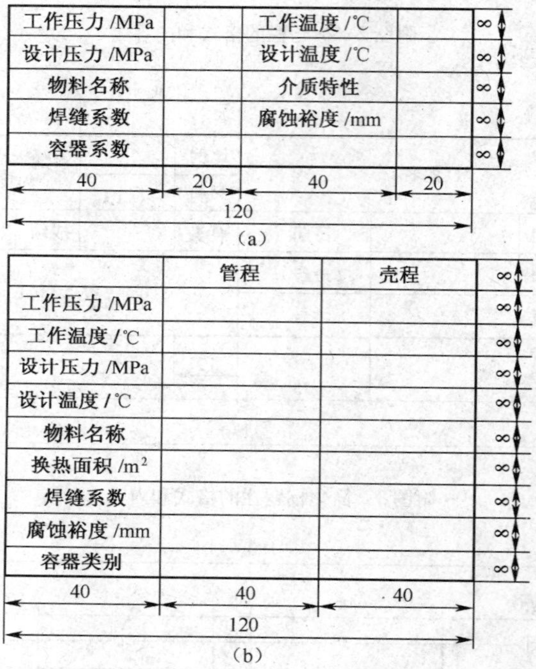

工作压力 /MPa		工作温度 /℃	
设计压力 /MPa		设计温度 /℃	
物料名称		介质特性	
焊缝系数		腐蚀裕度 /mm	
容器系数			

行高：8　列宽：40　20　40　20　总宽：120

(a)

	管程	壳程
工作压力 /MPa		
工作温度 /℃		
设计压力 /MPa		
设计温度 /℃		
物料名称		
换热面积 /m^2		
焊缝系数		
腐蚀裕度 /mm		
容器类别		

行高：8　列宽：40　40　40　总宽：120

(b)

附图6　技术特性表的格式和尺寸

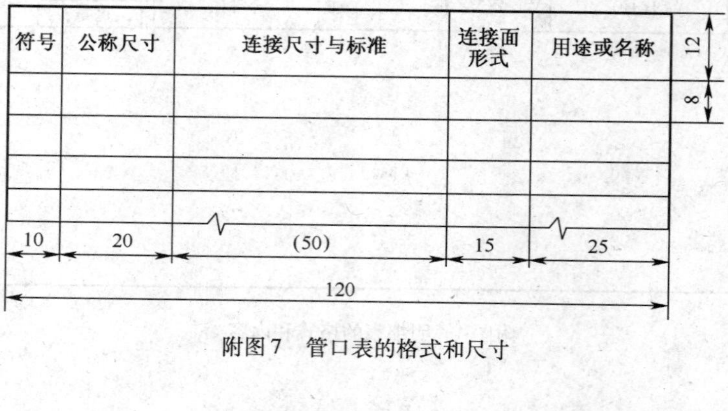

符号	公称尺寸	连接尺寸与标准	连接面形式	用途或名称

表头行高：12　行高：8　列宽：10　20　(50)　15　25　总宽：120

附图7　管口表的格式和尺寸

件号	名称	材料	重量(kg)	比例	所在图号	装配图号
15	55	30	15	15	25	25

180　　7　7

附图8　简单标题栏格式

附表1　管道及仪表流程图的管道实例（摘自 HG20519. 37—1992）

名　称	图　例	名　称	图　例
主要物料管道		电伴热管道	
辅助物料管道		喷淋管	
原有管道		柔性管	
可折短管		翅片管	
蒸汽伴热管道		夹套管	

附表2　物料代号（摘自 HG20519. 37—1992）

代号	物料名称		代号	物料名称	
AR	空气	Air	LS	低压蒸汽	Low Pressure Steam
AG	氨气	Ammonia Gas	MS	中压蒸汽	Medium Pressure Steam
CSW	化学污水	Chemical Sewage Water	NG	天然气	Natural Gas
BW	锅炉给水	Botler Feed Water	PA	工艺空气	Process Air
CWR	循环冷却水回水	Cooling Water Return	PG	工艺气体	Process Gas
CWS	循环冷却水上水	Cooling Water Suck	PL	工艺液体	Process Liguid
CA	压缩空气	Compress Air	PW	工艺水	Process Water
DNW	脱盐水	Demineralized Water	SG	合成气	Synthetic Gas
DR	排液、导淋	Drain	SC	蒸汽冷凝水	Steam Condensate
DW	饮用水	Drinking Water	SW	软水	Soft Water
F	火炬排放气	Flare	TS	伴热蒸汽	Tracing steam
FG	燃料气	Fuel Gas	TG	尾气	Tail Gas
IA	仪表空气	Instrument Air	VT	放空气	Vent
IG	惰性气体	Inert Gas	WW	生产废水	Waste Water
HS	高压蒸汽	High Pressure Steam	SW	软水	Soft Water

附表3　管道材质类别（摘自 HG20519. 37—1992）

代号	管道材料	代号	管道材料	代号	管道材料	代号	管道材料
A	铸铁	C	普通低合金钢	E	不锈钢	G	非金属
B	非合金钢（碳钢）	D	合金钢	F	有色金属	H	衬里及内防腐

附表 4　　管道压力等级（摘自 HG20519.37—1992）

管道公称压力等级									
压力等级（用于 ANSI 标准）				压力等级（用于国内标准）					
代号	公称压力/LB	代号	公称压力/LB	代号	公称压力/MPa	代号	公称压力/MPa	代号	公称压力/MPa
A	150	E	900	L	1.0	Q	6.4	U	22.0
B	300	F	1500	M	1.6	R	10.0	V	25.0
C	400	G	2500	N	2.5	S	16.0	W	32.0
D	600			P	4.0	T	20.0		

附表 5　　常用阀门与管件的图示方法（摘自 HG20519.37—1992）

名称	符号	名称	符号
截止阀		阻火器	
闸阀	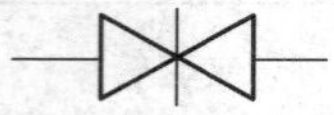	同心异径管	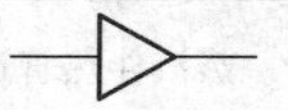
旋塞阀		偏心异径管	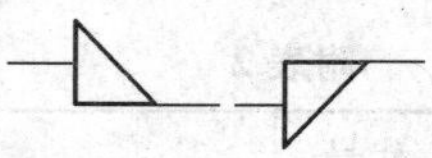
球阀	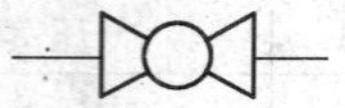	疏水器	
减压阀	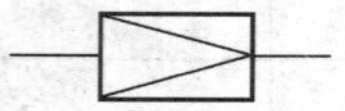	放空管	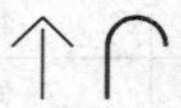
隔膜阀		消音器	
止回阀	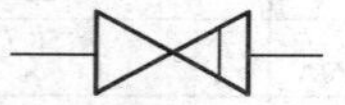	视镜	
节流阀		喷射器	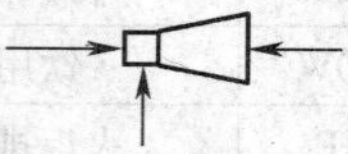

注：阀门图例尺寸一般为长 6mm、宽 3mm，或长 8mm、宽 4mm。

附表 6　　流量检测仪表和检出元件的图形符号（HG/T 20637.2—1998）

名称	图形符号	备注	名称	图形符号	备注
孔板	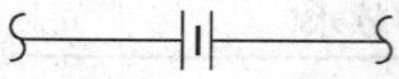		转子流量计	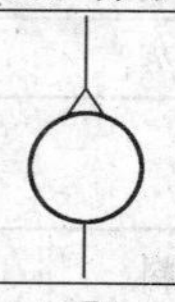	圆圈内应标注仪表位号
文丘里管及喷嘴					
无孔板取压接头	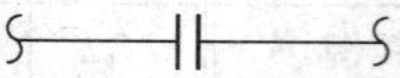		其他嵌在管道中的检测仪表	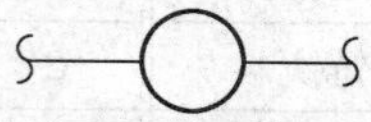	圆圈内应标注仪表位号

注：仪表（包括检测、显示、控制等）的图形符号是一个直径约为 10mm 细实线圆圈。需要时允许圆圈断开或变形。

附表7　　仪表安装位置的图形符号（HG/T 20637. 2—1998）

安装位置	图形符号	备注	安装位置	图形符号	备注
就地安装仪表			就地仪表盘面安装仪表		
		嵌在管道中	集中仪表盘后安装仪表		
集中仪表盘面安装仪表			就地仪表盘后安装仪表		

注：① 仪表盘包括屏式、柜式、框架式仪表盘和操纵台等。

② 就地仪表盘面安装仪表包括就地集中安装仪表。

③ 仪表盘后安装仪表，包括盘后面、柜内、框架上和操纵台内安装的仪表。

附表8　　部分仪表功能图例

功　能	仪　表	功　能	仪　表
温度指示	T1 402	压力指示	P1 401
温度指示（手动多点切换开关）	T1 401-1	手动指示控制系统	TRC 401
温度记录	TR 401	测量记录（检出元件为限流孔板）	FR 401
温度记录控制系统	TRC 401	弹力安全阀	PSV 401

参 考 文 献

［1］张玉琴．AutoCAD 上机实验指导与实训［M］．北京：机械工业出版社，2003.
［2］毛会玉．化工制图［M］．北京：华中师范大学出版社，2010.
［3］陈建武．AutoCAD 工程绘图［M］．北京：人民邮电出版社，2010.
［4］国家职业技能鉴定专家委员会计算机专业委员会．AutoCAD2002/2004 试题汇编（高级绘图员级、绘图员级）［M］．北京：希望电子出版社，2004.